わかりやすいコンクリート技士合格テキスト

東　和博 編著

弘文社

はじめに

　コンクリート技士試験では，コンクリートの材料から施工まで幅広い内容が出題されます。また，受験者層も幅広く，建設会社，建設コンサルタント，生コンプラント，骨材プラント，混和剤メーカー，各種建材メーカー，二次製品メーカー，官公庁等，多業種の技術者が受験しています。

　これらの技術者は，それぞれ得意分野が異なっています。例えば，あなたが建設会社の人であれば，施工には詳しいけれども，材料のことはあまりわからないかもしれません。また，生コンプラントの方なら，製造には詳しいけれども，施工のことはあまり知らないこともあるでしょう。したがって，受験するにあたり，これまで携わったことのない内容に踏み込んで学習することが求められます。

　かつて，筆者も当試験を受験するにあたり，苦手分野である材料関係の学習には苦労した記憶があります。また，日々，深夜まで現場勤務を行う中で，短時間で学習することを余儀なくされていました。（ちなみに，当時，3000m³の高流動コンクリートを21時間，一睡もせずに，薄暗い朝方に打設し終えた直後に，コンクリート技士の試験会場に向かった思い出があります。）

　そういう経験から，**「試験に出題される内容を網羅し，さらに頻出分野と出題が予想される内容に絞った誰にでもわかりやすい教材」**を作成したいという思いを持っていました。そして今回，コンクリート技士受験対策講習会や企業研修でレクチャーしてきた内容を，この教材にまとめる機会に恵まれました。

　本書は，**試験に合格することを一番のポイントとし，試験に不要と思われる内容は削除しました。**したがって，日々の業務が忙しい技術者の皆さまにも，効率よく学習していただけると思っています。

　本書をしっかり学ぶことにより，本番の試験では合格点を獲得できるものと思います。本書があなたの学習に役立ち，コンクリート技士試験に合格されることを心よりお祈りしております。

Contents

受験案内

■ 受験資格

以下のとおり，定められています。

資　　　　　格			コンクリートの**技術関係業務**(注1)の必要実務経験年数		C証明書等
			技士	主任技士	
A1	コンクリート診断士	いずれかを登録していること	実務経歴書の記入および勤務先の証明など不要	実務経歴書の記入および勤務先の証明など不要	登録証明書，監理技術者資格者証等のコピー
A2	一級建築士				
A3	技術士（建設部門）				
A4	技術士（農業部門－農業土木または農業農村工学）				
A5	土木学会認定（特別上級・上級・1級）土木技術者				
A6	建設コンサルタンツ協会認定RCCM（鋼構造及びコンクリート）				
A7	プレストレストコンクリート工学会認定コンクリート構造診断士				
A8	1級土木施工管理技士または，1級建築施工管理技士	監理技術者資格者証を有すること			監理技術者資格者証のコピー
B1	コンクリートの**技術関係業務**実務経験者（学歴・年齢は関係なし）		3年以上	7年以上，またはコンクリート技士合格後2年以上(注2)	実務経歴書およびその証明（受験願書に記載）
A1〜A8・B1の資格がない場合	B2	大学	コンクリート技術に関する科目を履修した卒業者(注3)	2年以上(注4)	4年以上(注4)	実務経歴書およびその証明（受験願書に記載）卒業証明書および履修（成績）証明書
	B3	高等専門学校（専攻科）	コンクリート技術に関する科目を履修した卒業者(注3)			
	B4	短期大学	コンクリート技術に関する科目を履修した卒業者(注3)	2年以上	4年以上	
	B5	高等専門学校	コンクリート技術に関する科目を履修した卒業者(注3)			
	B6	高等学校	コンクリート技術に関する科目を履修した卒業者(注3)	2年以上	5年以上	

(注1) コンクリートの技術関係業務：コンクリートの構造物の計画・設計・施工・維持管理・解体・更新，コンクリートの試験・調査研究・技術開発，レディーミクストコンクリート及びコンクリート製品の製造等に関する業務をいう。
（在学中のアルバイトなどは実務経験年数に該当しません。）

(注2) コンクリート技士合格者：2020年度以前に「コンクリート技士」に合格し，その後2年以上の実務経験を有する人。

(注3) コンクリート技術に関する科目（コンクリート工学，土木材料学，建築材料学，土木構造学，建築構造学，セメント化学，無機材料工学等）

(注4) 大学院でコンクリートに関する研究を行った人は，その期間を実務経験とみなすことができます。この場合，実務経歴書に学位論文の題名，期間の記入と，大学院の学位論文の題名が記載されている学位授与証明書または成績証明書等が必要です。

※受験資格A1〜A8で受験する場合は，登録証・登録証明書などのコピーが必要です。受験資格B2〜B6で受験する場合は，卒業証明書およびコンクリート技術に関する科目の履修（成績または単位修得）証明書が必要です。また，受験資格B1〜B6で受験する場合は，実務経歴の証明に，勤務先印（公印）および勤務先の事業主または所属長の記名が必要です。

■ 試験日

例年，11月下旬の日曜日に開催されます。

■ 試験地

札幌，仙台，東京，名古屋，大阪，広島，高松，福岡，沖縄

■ 試験形式

選択式（四肢択一）

■ 受験申込

① 受験願書を入手。

（郵送での購入のみ）

② 必要事項を記入の上，下記提出先に送付。

（受験料は，同封の所定の郵便振替用紙を用いて郵便局の窓口で払込み，「振替払込受付証明書」を受験願書の所定の位置にのりで貼りつけておくこと）

■ 問い合わせ（受験願書提出）先

以上の内容についてはいずれも変更の可能性があるので，ご不明な点は下記試験機関に問い合わせて下さい。

〒102-0083　東京都千代田区麹町1-7　相互半蔵門ビル12Ｆ

公益社団法人日本コンクリート工学会

コンクリート技士試験担当

TEL.03-3263-1571

本書の使い方

　コンクリート技士試験の出題形式ですが，以前は○×式も出されてきましたが，現在は四肢択一式が40問程度となっています。

　本書は，各分野の解説テキストと四肢択一式演習問題で構成されています。

　四肢択一式演習問題を解く際に，もしも1つめの選択肢で正解がわかったとしても，残りの3つをよく読み，正誤の判定や誤りの場合には誤っている表現を見極めて訂正する作業なども行ってください。そうすることで実力はさらにアップします。巻末には1回分の模擬試験を付属しました。こちらも同様に取り組んでください（模擬試験には，参考までに以前に出題されていた○×形式の問題も付属しています）

　また，本書は，合格するために必要なポイントだけを詰め込んでいます。ですので，「この教材で重要な部分はどこですか？」と問われれば，

「全てです。」

と答えます。是非，すべてを頭に入れるつもりで学習していただきたいと思います。

① 　具体的には，分野ごとにまず，テキストを熟読してください。その際，太字の部分は特に重要な部分ですので，アンダーラインを引くなどして記憶，理解に努めてください（この段階で，テキストの内容をあまり理解できなくても心配ありません）。

② その後，学習内容を脳に定着させるために，練習問題を解いてください。**練習問題を解くことにより，何がポイントなのかを理解することができる**でしょう。テキスト学習と練習問題をセットと考えてください。テキストを読むだけでは，あまり記憶に残りません。**練習問題を解くことによって，はじめて記憶を強くすることができます。**また，練習問題は１度だけではなく，２度，３度，回数を重ねるほど効果があります。最低３度は解くようにしてください。そして，誤った内容については，ノートに書き出して，それを持ち歩き，時々目を通すようにしてください。そうすれば，本書の内容を完全に理解することができるでしょう。

0 はじめに

　学習を始める前に，まず，コンクリートとは何か？ということを理解して
おきましょう。

（1）コンクリートとは

　コンクリートは，セメント，細骨材（砂），粗骨材（砂利や砕石），水から
構成され（実際には混和材料も加えますが，ここでは話をわかりやすくする
ために，省略します），それらを練り混ぜて製造します。練り上げられた直
後は柔らかい状態ですが，時間の経過とともに硬化します。

　練り上げたコンクリートを硬化させているのは，セメントと水です。セメ
ントと水が混ぜ合わさると，発熱の伴う化学反応が起きます。これを水和反
応と呼んでいます。また，コンクリートの成分中で，もっとも価格が高いの
はセメントです。安価な砂や砂利をできるだけ多く使用し，それをセメント
と水で接着させてコンクリートを構成していることになります。

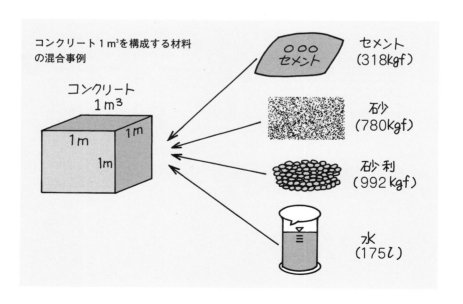

コンクリート1m³を構成する材料の混合事例

コンクリート 1m³

セメント（318kgf）

砂（780kgf）

砂利（992kgf）

水（175ℓ）

（2）モルタルとは

　モルタルは，セメント，細骨材（砂），水から構成され，それらを練り混ぜて製造します。コンクリートとの違いは，粗骨材（砂利や砕石）が含まれていないことです。練り上げられたモルタルは，コンクリートと比較すると，サラサラした状態です。モルタルは流動性がよく，建設現場では，しばしば，接着剤的（外壁にタイルを張る等）に使用されたり，コンクリートポンプ車の配管内の流動性を高めるために使用されます。

（3）セメントペーストとは

　セメントペーストは，セメント，水から構成され，それらを練り混ぜて製造します。モルタルとの違いは，細骨材（砂）が含まれていないことです。したがって，練り混ぜ後のセメントペーストはとてもなめらかな状態です。接着剤的な使用や，微細な隙間などを埋める場合などに使用されます。

第 1 章

コンクリート材料

　コンクリートを構成する材料であるセメント，骨材，混和材料，練混ぜ水，補強材の種類や基準について学びます。特にセメント，骨材は，第2章以降の内容にも関連が深いので，しっかりと理解しましょう。

（1）セメントの種類

　JIS 規格に定められたセメントの種類は以下のとおりです。

　セメント名とその特徴を理解しておきましょう。

セメントの種類

① ポルトランドセメント	② 混合セメント
普通ポルトランドセメント 早強ポルトランドセメント 超早強ポルトランドセメント 中庸熱ポルトランドセメント 耐硫酸塩ポルトランドセメント 低熱ポルトランドセメント	高炉セメントA種，B種，C種 シリカセメントA種，B種，C種 フライアッシュセメントA種，B種，C種
	③ エコセメント
	普通エコセメント 速硬エコセメント

① ポルトランドセメント

　a）普通ポルトランドセメント

　　・工事用，製品用として**一般的に最も多く使用される。**

　b）早強ポルトランドセメント

　　・普通ポルトランドセメントの材齢7日の圧縮強さを**3日で発現**する。

　　・材齢1，3，7，28日の圧縮強さの下限値が規定されている。

　　　※**材齢1日の圧縮強さの下限値が規定されている**ことに注意する。

　　・普通ポルトランドセメントよりも早く硬化するので，工期短縮に有利である。ただし，**ひび割れしやすいなど，品質面で不利**となる。

　　・PC（プレストレストコンクリート），コンクリート二次製品，冬期工事で使用する。

　　・水和時の**発熱が大きい。**

　　・C_3S（エーライト）が多く含まれる。

　　　C_2S, C_3S, C_3A 等は
　　　セメントの成分。p20を参照。

・C_3A の初期水和速度は著しく大きいが，セメント中の「せっこう」が，C_3A の表面に皮膜を形成して急激な水和を抑制し，正常に水和を進行させる。

〈用語〉ポルトランドとは？
イギリスのポートランド島で採れる石の色と似ているところから，この名前が付けられた。

c）超早強ポルトランドセメント

・普通ポルトランドセメントの材齢7日の圧縮強さを**1日で発現**する。
・材齢1，3，7，28日の圧縮強さの下限値が規定されている。
　※材齢1日の圧縮強さの下限値が規定されていることに注意する。
・早強よりも，短期に強度を発現する。**冬期緊急工事**，グラウト用で使用する。
・C_3S（エーライト）含有量が早強より多い。

> グラウトとはコンクリートのひび割れ補修に用いる注入剤のこと。

> 覚えよう！材齢1日の圧縮強さの下限値が規定されているセメントは、以下の3つ。
> 早強ポルトランドセメント
> 超早強ポルトランドセメント
> 速硬ポルトランドセメント

d）中庸熱ポルトランドセメント

・水和熱を小さくするため C_3S，C_3A を減らし，C_2S を増やしている。
・組成に次の規定がある。
　　$C_3S \leqq 50\%$　$C_3A \leqq 8\%$ ⇒ **つまり，共に上限値が定められている。**
・ダムなどの**マスコンクリート**，舗装コンクリートに使用される。
・初期強度は小さいが，**長期強度は大きい。**
・材齢7日，28日での**水和熱の上限値が定められている。**

e）低熱ポルトランドセメント

・中庸熱よりも発熱量を小さくするため，さらに C_2S を増やしている。
・組成に次の規定がある。
　$C_2S \geqq 40\%$
　　　　　⇒ **つまり，C_2S は下限値，C_3A は上限値が定められている。**
　$C_3A \leqq 6\%$
・初期強度は小さいが，**長期強度は大きい。**

マスコンは p210，高流動コンは p218，
高強度コンは p227を参照。

・マスコンクリート，高流動コンクリート，高強度コンクリートに使用することが多い。これは使用するセメント量が多くなり，温度ひび割れ対策として使用されるためである。
・材齢7日，28日での水和熱の上限値が定められている。
・材齢7，28，91日の圧縮強さの下限値が規定されている。
　※1，3日の圧縮強さの下限値が規定されていないことに注意する。

「化学抵抗性が高い」
＝「腐食しにくい」

f）耐硫酸塩ポルトランドセメント

・C_3A を少なくして硫酸塩との反応を抑えているため，硫酸塩を含む海水，土壌，地下水，下水などに対する化学抵抗性が高い。
・$C_3A \leqq 4$％としている。つまり，C_3A の上限値が定められている。

※低アルカリ形ポルトランドセメント

　前記a）～f）のセメントには，それぞれ低アルカリ形ポルトランドセメントがあります。セメント中の全アルカリ量を0.6％以下としたセメントです。

　低アルカリ形でないポルトランドセメントの全アルカリ量は0.75％以下と規定されています。つまり，ポルトランドセメントには全アルカリ量の上限値が規定されています。

② 混合セメント

　混合セメントは，ポルトランドセメントに混合する材料によって高炉，シリカ，フライアッシュの3つに分類され，混合材の添加量が少ない順にA種，B種，C種と区別されています。

a）高炉セメント

　混合材として高炉水砕スラグを用いています。
　特徴と高炉スラグの含有量（数値）を覚えてください。

高炉セメントの種類

種　別	高炉スラグの含有量
高炉セメントA種	5～30%
高炉セメントB種	**30～60%**
高炉セメントC種	60～70%

〈特徴〉

・**高炉スラグの塩基度は1.6以上必要である。つまり下限値が規定されて**
　いる。
・水和熱が小さい。
・**初期強度は小さいが長期強度は大きい。**
・高炉スラグには**潜在水硬性**がある。
・化学抵抗性，耐熱性，水密性，アルカリ骨材反応抑制効果に優れる。
・一般の土木工事によく使用される。
・ダム，河川，港湾，海岸工事，下水道工事にも使用される。
・**マスコンクリートにも適している。**
・高炉スラグの比重はポルトランドセメントの比重より小さい。
・**高炉セメントB種（スラグ混合比40％以上）またはC種はアルカリ骨材**
　反応抑制に効果がある。

b）シリカセメント（表記の3種）
　　特徴とシリカ質混合材の含有量（数値）を覚えてください。
　　シリカ質混合材とは，けい石粉（成分は SiO_2）などです。

シリカセメントの種類

種　別	シリカ質混合材の含有量
シリカセメントA種	5～10%
シリカセメントB種	10～20%
シリカセメントC種	20～30%

〈特徴〉

・コンクリート製品，オートクレーブ養生（高温高圧蒸気養生）をする製
　品に使用される。

c）フライアッシュセメント

特徴とフライアッシュの含有量（数値）を覚えてください。

フライアッシュとは，火力発電で発生する灰のことです。

フライアッシュセメントの種類

種　　別	フライアッシュの含有量
フライアッシュセメントA種	5〜10%
フライアッシュセメントB種	10〜20%
フライアッシュセメントC種	20〜30%

〈特徴〉

・良質なものは球形のため**単位水量を減じ**，コンクリートの流動性を良くする。

・長期強度を発現する。

・乾燥収縮が小さく，水和熱も低い。

・ダムなどのマスコンクリートに使われる。

・**フライアッシュセメントB種（フライアッシュ混合比15%以上）または C種はアルカリ骨材反応抑制に効果がある。**

〈混合セメントに共通する特徴〉

高炉セメント，シリカセメント，フライアッシュセメントのいずれも，**全アルカリ量の上限値や塩化物イオン量の上限値が規定されていない。**

③　エコセメント

都市ごみ焼却灰などの廃棄物を主原料としたセメントです。下水汚泥も原料として使用される場合があります。**製品１ｔにつき，これらの廃棄物を 500 kg 以上使用**しています。用途によって次の２種類に分類されます。

a）普通エコセメント

セメント中の塩化物イオン量が**0.1%以下**と規定されている，普通ポルトランドセメントに似た性質を持つセメントです。無筋コンクリート，鉄筋コンクリートに使用されます。

b）速硬エコセメント

　・セメント中の塩化物イオン量が**0.5%以上1.5%以下**と規定されている，**速硬性をもつセメント**である。**無筋コンクリートに使用されます**（塩化物イオン量が多く，鉄筋を錆びさせる恐れがあるため，鉄筋コンクリートには使用しません）。

　・材齢1，3，7，28日の圧縮強さの下限値が規定されている。

　　※材齢1日の圧縮強さの下限値が規定されていることに注意する。

〈エコセメントに共通する特徴〉

　普通エコセメント，速硬エコセメントのいずれも，**全アルカリ量の上限値（0.75%）が規定されている。**

（2）圧縮強さ

① 各種セメントと圧縮強度の関係

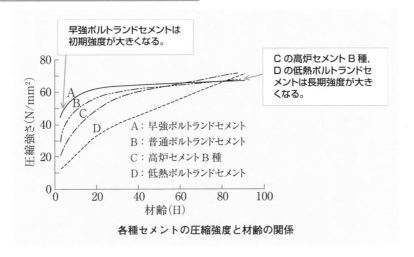

各種セメントの圧縮強度と材齢の関係

② 圧縮強さの下限値

各種セメントには**圧縮強さの下限値**が規定されています。

　・**早強ポルトランドセメント，超早強ポルトランドセメント，速硬エコセメントは，材齢1日，3日，7日，28日での圧縮強さに規定がある。**

　・**低熱ポルトランドセメントは材齢7日，28日，91日での圧縮強さに規定。**

　・その他のセメントは，材齢3日，7日，28日での圧縮強さに規定。

（3）セメントの組成成分

セメントの組成化合物とその特性を理解しておきましょう。

名称	略号	水和反応速度	圧縮強さ	水和熱	化学抵抗性	備　考
けい酸三カルシウム	C_3S	比較的速い	28日以内の早期	中	中	中庸熱ポルトランドセメントで上限値の規定あり⇒発熱抑制のため
けい酸二カルシウム	C_2S	遅い	28日以後の長期	小	大	低熱ポルトランドセメントで下限値の規定あり⇒発熱抑制のため
アルミン酸三カルシウム	C_3A	非常に速い	1日以内の早期	大	小	①中庸熱，②低熱，③耐硫酸塩ポルトランドセメントで上限値の規定あり⇒①②は発熱抑制，③は化学抵抗性向上のため
鉄アルミン酸四カルシウム	C_4AF	かなり速い	強度にほとんど寄与しない	小	中	

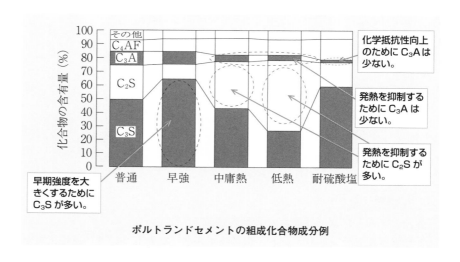

ポルトランドセメントの組成化合物成分例

・C_3S と C_2S がセメントの主成分である。

・C_3S は水和反応速度が比較的速く，超早強，早強，普通セメントの順

に多く含まれる。

・C_2S は水和熱が小さく，中庸熱，低熱セメントに多く含まれる。

・C_3A は硫酸塩がある環境ではエトリンガイトを生じて体積膨張を起こすので，耐硫酸塩ポルトランドセメントに $C_3A \leqq 4\%$ の規定がある。

（4）比表面積

比表面積とは**セメント1gあたりの全表面積**のことです。単位は cm^2/g で，ブレーン値といいます。比表面積が大きいほど粒が細かいので，水和反応が促進され，初期強度が大きくなります。

・**ブレーン空気透過装置**を用いて測定する。

・粉末度（比表面積）を大きくすると**ブリージング量が減る**。

■セメントの比表面積

（ポルトランドセメント）		初期強度
超早強	4000 cm²/g 以上	大
早 強	3300 cm²/g 以上	↓
普 通	**2500 cm²/g 以上**	↓
中庸熱	2500 cm²/g 以上	↓
低 熱	2500 cm²/g 以上	小

高炉B 3000 cm²/g 以上 （普通ポルトランドセメントより大きい）

> ブリージングとは，コンクリートから分離する浮き水のこと。これを放置すると強度低下等，コンクリートに悪影響がある。

（5）強熱減量

セメントを975±25℃で加熱（強熱）し，減少した**質量**を強熱減量といいます。新鮮度の目安となり，風化が進むと強熱減量は大きくなります。

・風化が進むと密度は小さくなる。

・風化が進むと異常凝結の原因となる。

・ポルトランドセメント（**普通・早強・超早強**），高炉セメント，シリカセメントA種，フライアッシュセメントA種の強熱減量は**5％以下**，ポルトランドセメント（**中庸熱・低熱・耐硫酸塩**）は**3％以下**でなければならない。ただし，シリカセメントBおよびC種，フライアッシュセメントBおよびC種にはその規定は定められていない。

（6）凝　結

　セメントに水を加えると硬化が始まり，次第に流動性を失っていきます。この過程を凝結といいます。**標準軟度のセメントペースト（モルタルではありません）にビガー針装置を用い，始発用と終結用の標準針が所定の貫入量に達する時間で表します。**ちなみにコンクリートでは，プロクター貫入抵抗試験装置を用います。

（7）密　度

　密度とは，1 cm³あたりの質量です。普通ポルトランドセメントで密度は3.15 g/cm³程度です。

- ・ルシャテリエフラスコ（ルシャテリエの比重びん）に**鉱油を入れ，**その中に一定量のセメントを入れて容積を求める。
- ・混合セメントでは，混合材の比重がセメントより小さいので混合量が増加するほど密度は小さくなる。
- ・セメントの風化が進むと密度は小さくなる。

（8）フロー試験

　フローコーンを抜き取ったモルタルに落下運動を与え，モルタルの広がりを測定するものです。

（9）強さ試験

　セメントの結合材（つまり骨材を接着するための材料）としての性能を調べるために行います。試料は，**セメント，標準砂，水を質量比で1：3：0.5で混ぜたモルタル**（つまり水セメント比は50％となる）を使用します。

（10）全アルカリ量

　セメントに含まれるアルカリ成分の上限値が定められています。

　ポルトランドセメントとエコセメントの**上限値は0.75％**（ただし低アルカリ形ポルトランドセメントの上限値は0.6％）で，混合セメント（高炉セメント，シリカセメント，フライアッシュセメント）には規定がありません。

（11）安定性試験

　未反応の石灰（CaO），酸化マグネシウム（MgO）が過剰に含まれていることによる，硬化過程の異常膨張の有無を確認するための試験である。**パット法とルシャテリエ法がある。**

【問題1】

　下記の図は早強ポルトランドセメント，普通ポルトランドセメント，高炉セメントB種，低熱ポルトランドセメントのいずれかのセメントと材齢の関係を示したものである。図から読み取れる内容として次の記述のうち，正しいものはどれか。

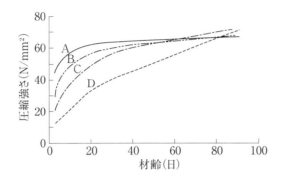

(1)　Aは初期強度が最も大きいので，低熱ポルトランドセメントである。

(2)　Bは初期強度が比較的大きく，長期強度がC，Dより小さいので，普通ポルトランドセメントである。

(3)　Cは長期強度がA，Bより大きくなっているので，早強ポルトランドセメントである。

(4)　Dはもっとも初期強度が小さいので，高炉セメントと推測される。

解　説

(1)　Aは初期強度が最も大きい（材齢初期のグラフの立ち上がりが大きい）ので，早強ポルトランドセメントである。

(2)　Bは普通ポルトランドセメントであり，Cの高炉セメントより初期強度が大きい。

(3)　Cは高炉セメントであり，Dの低熱ポルトランドセメントより初期強度が大きく，長期強度はBの普通ポルトランドセメントよりも大きい（材齢50日程度でそれぞれの強度が逆転している）。

(4) Dは初期強度が最も小さく，長期強度が大きく伸びていることから，
低熱ポルトランドセメントであることがわかる。

解答(2)

【問題2】

下図は各種セメントに含まれる化合物の含有割合を示したものである。次
の記述のうち，化合物の特徴として誤っているものはどれか。

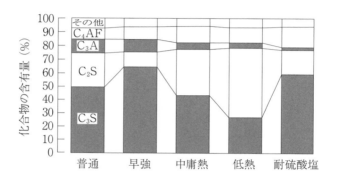

(1) C_3S は初期強度を抑制する効果がある。
(2) C_2S は水和熱を抑制する効果がある。
(3) C_3A は初期強度を最も高める効果がある。
(4) C_4AF は強度にほとんど寄与しない。

解 説

(1) C_3S はセメントの主成分であり，C_3A の次に水和反応が早い。した
がって初期強度を大きくするので誤りである。
(2) C_2S は水和熱を抑制する効果がある。そのため，中庸熱，低熱ポル
トランドセメントに多く含まれる。
(3) C_3A は最も早く水和反応を起こす成分である。したがって，水和熱
を抑制するための中庸熱，低熱ポルトランドセメントでは少ない含有量
となっている。
(4) C_4AF は水和反応速度がかなり速い。また，強度にはほとんど寄与し
ない。

【問題3】
　セメントに関する次の記述のうち，不適当なものはどれか。
（1）　早強ポルトランドセメントを冬期工事で使用した。
（2）　高炉セメントを下水道構造物のコンクリートに使用した。
（3）　中庸熱ポルトランドセメントをダムコンクリートに使用した。
（4）　フライアッシュセメントを緊急工事用のコンクリートに使用した。

解　説
（1）　早強ポルトランドセメントは強度発現が早いので，コンクリートが硬化しにくい冬期工事に適している。
（2）　高炉セメントは化学抵抗性が高く，下水道，河川，港湾，海岸構造物のコンクリートに適している。
（3）　中庸熱ポルトランドセメントは水和熱が小さいので，マスコンクリートであるダムに適している。
（4）　緊急工事用のコンクリートには超早強，早強ポルトランドセメントの使用が適しているので誤りである。

解答(4)

【問題4】
　セメントに関する次の記述のうち，不適当なものはどれか。
（1）　早強ポルトランドセメントをプレストレスコンクリート工事で使用した。
（2）　超早強ポルトランドセメントをダムコンクリートに使用した。
（3）　耐硫酸塩ポルトランドセメントを海岸施設構造物工事のコンクリートに使用した。
（4）　低熱ポルトランドセメントを高流動コンクリートに使用した。

(1) プレストレスコンクリート工事では，早強ポルトランドセメントがしばしば使用される。

(2) 超早強ポルトランドセメントは速硬性がある。つまり，水和熱が大きく，ダムのようなマスコンには不利（部材が大きいと，さらに発熱が大きくなる）なので誤りである。

(3) 耐硫酸塩ポルトランドセメントは，海洋，下水など耐化学抵抗性が高い。

(4) 低熱ポルトランドセメントは，水和熱が低減できるので，セメント量が多くなる高強度，高流動コンクリートに効果的である。

解答(2)

【問題5】

混合セメントに関する次の記述のうち，不適当なものはどれか。

(1) 高炉セメントB種の高炉スラグ含有量を調べたところ40%であった。

(2) シリカセメントB種のシリカ質混合材の含有量を調べたところ15%であった。

(3) フライアッシュセメントB種のフライアッシュの含有量を調べたところ15%であった。

(4) 高炉セメントに含まれる高炉スラグの塩基度には上限値が定められている。

(1) 高炉セメントB種の高炉スラグ含有量は30%を超え60%以下である。

(2) シリカセメントB種のシリカ質混合材の含有量は10%を超え20%以下である。

(3) フライアッシュセメントB種のフライアッシュの含有量は10%を超え20%以下である。

(4) 高炉セメントに含まれる高炉スラグの塩基度は1.6以上でなければならない。つまり，下限値が定められているので誤りである。

解答(4)

【問題6】

　ポルトランドセメントに関する次の記述のうち，不適当なものはどれか。
(1)　耐硫酸塩ポルトランドセメントに含まれる C_3A には上限値が定められている。
(2)　早強ポルトランドセメントに含まれる C_3A には下限値が定められている。
(3)　中庸熱ポルトランドセメントに含まれる C_3S には上限値が定められている。
(4)　低熱ポルトランドセメントに含まれる C_2S には下限値が定められている。

解　説

(1)　記述のとおりである。ちなみに上限値は 4 ％である。
(2)　早強ポルトランドセメントに含まれる C_3A の含有量には規定がないので誤りである。
(3)　中庸熱ポルトランドセメントに含まれる C_3S の上限値は50％，C_3A の上限値は 8 ％である。
(4)　記述のとおりである。

解答(2)

【問題7】

　セメントの物理試験方法に関する次の記述のうち，誤っているものはどれか。
(1)　凝結試験は標準軟度のセメントペーストにプロクター貫入抵抗試験装置を用い，始発用と終結用の標準針が所定の貫入量に達する時間で表す。
(2)　密度はルシャテリエフラスコに鉱油を入れ，その中に一定量のセメントを入れて容積を求める。
(3)　フロー試験はフローコーンを抜き取ったモルタルに落下運動を与え，モルタルの広がりを測定するものである。
(4)　強さ試験の試料は，セメント，標準砂との質量比を 1 ： 3 とした水セメント比50％のモルタルを使用する。

(1)　凝結試験はビガー針装置を用いるので誤り。プロクター貫入抵抗試験装置はコンクリートの凝結試験で用いる。

(2)　密度はルシャテリエフラスコに鉱油を入れ，その中に一定量のセメントを入れて容積を求める。

(3)　フロー試験はフローコーンを抜き取ったモルタルに落下運動を与え，モルタルの広がりを測定するものである。

(4)　強さ試験の試料は，セメント，標準砂，水を1：3：0.5で混ぜたモルタルを使用する。

解答(1)

【問題8】

セメントに関する次の記述のうち，誤っているものはどれか。

(1)　中庸熱ポルトランドセメントにはアルカリ成分の含有量の上限値が定められている。

(2)　セメントの比表面積はロサンゼルス試験で測定する。

(3)　セメントの粒子が細かいほど比表面積が大きく，水和反応が促進されるので初期強度が大きい。

(4)　ポルトランドセメントの強熱減量には上限値が定められている。

(1)　アルカリ成分の上限値はポルトランドセメントとエコセメントだけに定められており，混合セメントには規定がない。

(2)　セメントの比表面積はブレーン空気透過装置で測定するので誤りである。ロサンゼルス試験とは粗骨材のすりへり試験である。

(3)　比表面積が大きければ，水との接触面積が大きくなり水和反応が促進される。

(4)　セメントの強熱減量はシリカセメントBおよびC種，フライアッシュセメントBおよびC種以外のものについて上限値が定められている。

解答(2)

1-2　骨　材

（1）基本事項

① 骨材の役割

　骨材は，コンクリートの体積の
7割を占めています。そのため，
よい品質のコンクリートを作るた
めには堅硬かつ物理的・化学的に
安定であり，**適度な粒度・粒形を
有し**，有害量の不純物・塩分等を
含まない良質の骨材を使用する必
要があります。骨材の役割には

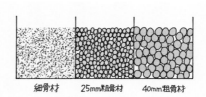

骨材の大きさ

　・コンクリートの**組織を緻密**にする。

　・**水和熱を抑制**する。

ことなどが挙げられます。

　所要のワーカビリティー（スランプなど）を確保できる範囲でコンクリー
トを作るため，できるだけ骨材を多くして，セメントは「つなぎ」に使用す
る，という感覚です。それによって経済的なコンクリートが製造できます。

　原価的にもセメントは高く，また，セメントが多いと発熱量も多くなりひ
び割れの原因にもなるので，できるだけセメントは少なくしたいのです。

② 細骨材・粗骨材とは

　細骨材・粗骨材の定義について覚えて下さい。

　・細骨材：10 mm ふるいを全部通り，**5 mm** ふるいに**85％以上**通る骨材。
　　　　　　山砂，海砂，川砂，砕砂など。

　　＜用語＞
　　砂，砂利（じゃり）→山，川，海に自然に存在する砂や石のこと。丸みを帯びている。
　　砕砂，砕石→岩や岩石山などを粉砕したもの。人工的に砕いているので，角ばっている。

・粗骨材：5 mm ふるいに質量で85%以上とどまる骨材。
　　　　　山砂利，川砂利，砕石など。

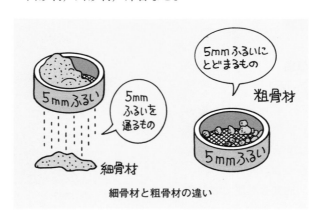

細骨材と粗骨材の違い

※骨材の需給状況

　河川の天然骨材は，資源の枯渇により十分な供給が見込めなくなり，現在では粗骨材は砕石に，細骨材は山・陸・海砂に依存しています。

（2）骨材の品質

① 砂利，砂に要求される品質

　砂利，砂の品質は JIS で下記の規定があります。

砂利と砂の品質規定

項目	砂利	砂
絶乾密度（g/cm³）	2.5以上	2.5以上
吸水率（％）	3.0以下	3.5以下
安定性（％）	12以下	10以下
すりへり減量（％）	35以下	―
粘土塊量（％）	0.25以下	1.0以下
塩化物量（NaCl として）（％）	―	0.04以下
有機不純物	―	標準色より濃くないこと

数字を覚えよう！

② 砕石・砕砂に要求される品質

砕石・砕砂の品質は JIS で下記の規定があります。

砕石・砕砂の品質規定

項目	砕石	砕砂
絶乾密度（g/cm³）	2.5以上	2.5以上
吸水率（%）	3.0以下	3.0以下
安定性（%）	12以下	10以下
すりへり減量（%）（＊）	40以下	－
洗い試験で失われる量（%）	3.0以下	9.0以下
粒形判定実績率（%）	56以上	54以上

数字を覚えよう！

＊舗装コンクリート用粗骨材のすりへり減量は35%以下

　すりへり減量は「ロサンゼルス試験機」で求める。

③ 不純物

・**微粒分**（泥分：シルト質，粘土，ヘドロなど）が多い骨材は**硬化初期の乾燥ひび割れ（プラスティックひび割れ）**が発生するので好ましくない。

・**微粒分**が多い骨材を用いると，コンクリートの**ブリーディング量は減少する**。

・有機不純物が多い骨材を用いると，凝結や硬化を妨げ（つまり凝結時間が長くなる），強度や耐久性が低下する。

（3）吸水率・含水率・表面水率

　骨材には細かい空隙があり，水は骨材に吸収されます。十分吸水して内部に水分が満たされると，表面に水分が蓄えられる状態になります。この表面についた水分を表面水といいます。

骨材の状態

骨材の含水状態は次の4種類に分けられます。

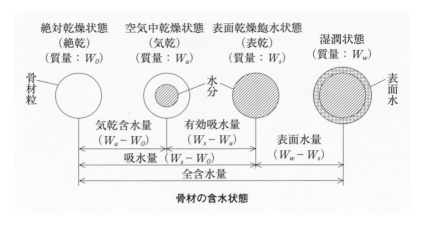

骨材の含水状態

1）絶対乾燥（絶乾）状態（全く水分を含んでいない状態）

　絶乾状態の時の骨材の質量を「絶乾質量」という。

　絶乾状態の時の骨材の密度を「絶乾密度」という。

　　　　「絶乾密度」＝絶乾状態の質量/表乾状態の容積

2）空気中乾燥（気乾）状態（いくらか水分を含んでいる状態）

3）表面乾燥飽水（表乾）状態（骨材内部の空隙に水分が満たされている状態）

　表乾状態の時の内部の水分量を「吸水量」という。

　表乾状態の時の骨材の密度を「表乾密度」という。

　　　　「表乾密度」＝表乾状態の質量/表乾状態の容積

4）湿潤状態（表乾状態＋表面水がついている状態）

　湿潤状態の時の全体の水分＝「全含水量」＝「吸水量」＋「表面水量」
となる。

　次の表面水率と吸水率は「配合」の計算問題で必要な知識ですので，必ず覚えてください。

　　　　「表面水率」＝表面水量/表乾質量×100（%），

　　　　　　　　　　↓

　　　　表面水量＝表乾質量×表面水率/100

$$\text{「吸水率」}=吸水量/絶乾質量\times100（\%），$$

$$\downarrow$$

$$吸水量=絶乾質量\times吸水率/100$$

例題

　ある骨材が1cm³あり，絶乾密度が2.56 g/cm³，吸水率が1.6%，表面水率が5.0%の場合の吸水量，表面水量を求めよ。

解説

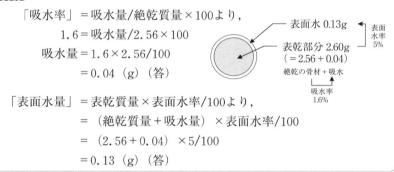

「吸水率」＝吸水量/絶乾質量×100より，

　1.6＝吸水量/2.56×100

　吸水量＝1.6×2.56/100

　　　　＝0.04（g）（答）

「表面水量」＝表乾質量×表面水率/100より，

　　　　＝（絶乾質量＋吸水量）×表面水率/100

　　　　＝（2.56＋0.04）×5/100

　　　　＝0.13（g）（答）

・吸水率が大きいほど比重は小さい。

・吸水率が大きいほど安定性試験の損失量やすりへり減量が大きい。

（4）単位容積質量

　単位容積質量とは，容器に満たした骨材の絶乾質量を容器の容積で除したものです。

　　　単位容積質量（g）＝容器に満たした骨材の絶乾質量/容器の容積

〈試料の詰め方〉

　棒突き試験（≦40 mm）とジッギング試験（容器に振動をあたえながら詰める方法）（≧40 mm または軽量骨材）があります。

（5）実績率

　実績率とは，単位容積中に占める骨材の実質部分の割合を容器の百分率で表示したものです。

　　　実績率（%）＝容器に満たした骨材の絶対容積/その容器の容積×100

〈粒形判定実績率〉

　粒形のよくない砕石，砕砂には実績率についての規定があります。実績率が**砕石56%以上，砕砂54%以上でなければならない**という規定があります。
- ・最大寸法が大きいほど単位容積質量は大きい。
- ・単位容積質量が大きいものほど実績率が大きく，粒形がよいといえる。
- ・粒形判定実績率が大きいほど形状が球形に近いということになり，同一スランプを得るためのコンクリートの単位水量を小さくできる。

（6）粒　度

　「粒度がよい」とは，大きいものから小さいものまでバランスよく混ざっている状態をいいます。

> 粗骨材の定義である「5 mm ふるいに質量で85%以上とどまる骨材を粗骨材という」と間違わないこと。

（7）最大寸法

　最大寸法とは，質量で骨材の90%が通るふるいのうち最小寸法のふるいの呼び寸法で示される骨材の寸法です。

〈粗骨材の最大寸法の規定〉

　　　　鉄筋コンクリートでは粗骨材の最大寸法は

　　　　　　　部材最小寸法の1/5

　　　　　　　鉄筋の最小あき（鉄筋どうしの離れた空間）の3/4

　　　　　　　かぶりの3/4

　を超えてはいけません。

（8）粗粒率

　粗粒率とは，ふるい分け試験において，各ふるいにとどまる試料の質量百分率の和を求め，その値を100で割った値のことです。ふるいの寸法は80，40，20，10，5，2.5，1.2，0.6，0.3，0.15 mm を用います。大きい骨材が多いとふるいにとどまる試料が多くなるので，粗粒率も大きな値となります。

例題

ふるい分け試験で下記の結果の時，粗粒率はいくらになるか。

ふるいの呼び寸法	80	40	20	10	5	2.5	1.2	0.6	0.3	0.15	計
ふるいを通るものの質量百分率（％）	100	100	73	30	5	2	0	0	0	0	
ふるいにとどまるものの質量百分率（％）											

解説

まず，ふるいにとどまるものの％を求めて記入すると，左から0，0，27，70，95，98，100，100，100，100となります。

ふるいの呼び寸法	80	40	20	10	5	2.5	1.2	0.6	0.3	0.15	計
ふるいを通るものの質量百分率（％）	100	100	73	30	5	2	0	0	0	0	
ふるいにとどまるものの質量百分率（％）	0	0	27	70	95	98	100	100	100	100	690

これを粗粒率の定義どおり計算すると，

粗粒率 ＝ （0 ＋ 0 ＋ 27 ＋ 70 ＋ 95 ＋ 98 ＋ 100 ＋ 100 ＋ 100 ＋ 100）／100
　　　 ＝ 6.90（答）

・砕砂の粗粒率は2.0～3.0程度，砕石2005の粗粒率は6.0～7.0程度である。

・混合した骨材の粗粒率は，それぞれの骨材の粗粒率と混合比から算定可能。

・最大寸法が大きいほど単位水量，単位セメント量を少なくできる。

・同じ水セメント比のコンクリートでは

1）粗粒率が小さいほど，スランプは小さくなる

（小さい骨材が多いと粘りが大きくなり，スランプが小さくなる）

2）細骨材率が大きいほど，スランプは小さくなる

（細かい粒が多くなると，粘りが大きくなって変形しにくくなるのでスランプが小さくなる）

3）粗骨材の実績率（あるいは最大寸法）が小さいほど，スランプは小さくなる

（細かい骨材が多くなるので粘りが大きくなりスランプが小さくなる）

（9）各種骨材

① 軽量骨材の特徴

・構造物の自重を低減するために用いられる。

・絶乾比重の大きさで **L，M，H の種類**に分けられる。

② スラグ細骨材を用いたコンクリートの性質

・ブリーディング量が多くなる。

・圧縮強度は**若材齢で小さく**，91日以降で大きくなる。

> 材齢とは，コンクリートを打設してからの時間のこと。コンクリートの
> 年齢ともいえる。若材齢とは，3日，7日，28日程度を指す。

③ フェロニッケルスラグ細骨材，銅スラグ細骨材を用いたコンクリートの性質

・ブリーディング量が多くなる。

（10）骨材の貯蔵設備

・骨材の貯蔵設備は，日常管理ができる範囲内に設置し，**種類別及び区分別に仕切りをもち**，大小の粒が分離しにくいものでなければならない。

・床は，コンクリートなどとし，**排水の処置を講じる**とともに，異物が混入しないものでなければならない。

・レディーミクストコンクリートの**最大出荷量の1日分以上**に相当する骨材を貯蔵できるものでなければならない。

・**人工軽量骨材**を用いる場合は，骨材に**散水する設備**を備えていなければならない。

・**高強度コンクリート**の製造に用いる骨材の貯蔵設備には，**上屋を設け**なければならない。

（11）骨材試験

① 微粒分量

微粒分とは，**75μm** ふるいを通過する微粒子の全量で，JIS A 1103（骨材の微粒分量試験方法）によって求める。

② 有機不純物

　有機不純物の試験は JIS A 1105（細骨材の有機不純物試験方法）による。有機不純物を**水酸化ナトリウム 3 ％溶液**を用いて抽出し，**標準色液の色と比べて濃い場合を不合格**とする。

　注意点：抽出に用いるのが**硫酸ナトリウム溶液ではなく，水酸化ナトリウム**であることに注意する。

③ 粘土塊

　粘土塊の試験は JIS A 1137（骨材中に含まれる粘土塊量の試験方法）による。試料を**24時間吸水**させた後，余分な水を除き，骨材粒を指で押しながら粘土塊を調べる。**指で押して細かく砕くことのできるものを粘土塊**とする。

④ 骨材の単位容積質量及び実積率試験方法

　JIS A 1104：2006（骨材の単位容積質量及び実積率試験方法）では、試料は，**絶乾状態**とする。ただし，**粗骨材の場合は気乾状態でもよい**としている。

　注意点：用いる試料が**表乾状態ではない**ことに注意する。

(12) その他

・プレウェッティング（あらかじめ骨材に吸水させておくこと）が**不十分な人工軽量骨材を用いたコンクリートは，ポンプ圧送中のスランプの低下が大きい**（閉塞を起こし圧送できなくなる）。

・磁鉄鉱などの**密度の大きい骨材**を用いたコンクリートはＸ線やγ線に対する遮へい性能が高くなる。

・「**安定性試験**」試験の**損失量が多い**ということは凍結融解抵抗性が小さい（耐凍害性が低い）。

【問題1】

骨材に関する次の記述のうち，誤っているものを答えよ。

(1) コンクリートを作る際は，所要のワーカビリティーを確保できる範囲でできるだけ骨材を多くすることが望ましい。

(2) 細骨材とは10 mmふるいを全部通り，5 mmふるいに85％以上通る骨材のことである。

(3) 粗骨材とは5 mmふるいに質量で90％以上とどまる骨材のことである。

(4) 骨材はコンクリートの組織を緻密にしたり水和熱を抑制することに効果がある。

解　説

(1) 骨材が多いほどコストが下がり，水和熱の発生も少なくなる。しかし，多すぎると分離しやすいコンクリートになるので，あくまでも所要の性質を確保した上での分量を考えることが必要である。

(2) 記述のとおりである。

(3) 90％ではなく85％なので誤りである。

(4) コンクリートを固めているのはセメントと水であり，その他の部分は骨材が占めている。小さい粒から大きい粒の骨材がバランスよく配合されることにより，緻密なコンクリートになる。

解答(3)

【問題2】

砂利，砂の品質に関する次の記述のうち，誤っているものを答えよ。

(1) 砂利，砂ともに絶乾密度は2.5 g/cm³以上でなければならない。

(2) 砂利，砂ともに吸水率は3.0％以下でなければならない。

(3) 砂利の安定性試験の質量減少率は12％以下でなければならない。

(4) 有機不純物に関する規定は砂のみにあり，基準は規定の溶液において標準色より濃くないことが求められる。

(1)(3)(4)　記述のとおりである。

(2)　吸水率は，砂利が3.0%以下，砂が3.5%以下でなければならない。吸水率が小さいほど，空隙の少ない緻密な骨材といえる。

解答(2)

【問題3】

骨材の性質に関する次の記述のうち，誤っているものを答えよ。

(1)　粘土分などの微粒分が少ない骨材は硬化初期の乾燥ひび割れ（プラスティックひび割れ）が発生するので好ましくない。

(2)　有機不純物が多いと凝結や硬化を妨げ，強度や耐久性を低下させる。

(3)　砂に含まれる塩化物量（NaCl量）は0.04%以下でなければならない。

(4)　砂利のすりへり減量は35%以下でなければならない。

(1)　骨材に付着した粘土や泥などの微粒分は，初期乾燥ひびわれの原因となる。したがって，できるだけ微粒分は少ないことが望ましい。

(2)(3)(4)　記述のとおりである。

解答(1)

【問題4】

砕石，砕砂の品質に関する次の記述のうち，誤っているものを答えよ。

(1)　砕石，砕砂ともに絶乾密度は2.5 g/m³以上でなければならない。

(2)　砕石，砕砂ともに吸水率は3.0%以下でなければならない。

(3)　砕石，砕砂ともに安定性試験の質量減少率は12%以下でなければならない。

(4)　粒形判定実績率は砕石で56%以上，砕砂で54%以上でなければならない。

解　説

(1)(2)(4)　記述のとおりである。

(3)　安定性試験の質量減少率は砕石で12%以下，砕砂で10%以下でなければならない。

解答(3)

【問題5】

　骨材に関する次の記述のうち，誤っているものを答えよ。

(1)　表面水率は（表面水量/全含水量）で求められる。

(2)　絶乾密度は（絶乾状態の質量/表乾状態の容積）で求められる。

(3)　表乾密度は（表乾状態の質量/表乾状態の容積）で求められる。

(4)　湿潤状態の時の全体の水分は（吸水量＋表面水量）で求められる。

解　説

(1)　表面水率は（表面水量/表乾質量）で求められる。

(2)(3)(4)　記述のとおりである。

解答(1)

【問題6】

　骨材の性質に関する次の記述のうち，誤っているものはどれか。

(1)　単位容積質量とは容器に満たした骨材の絶乾質量を容器の容積で除したものである。

(2)　吸水率が大きいほど比重は大きい。

(3)　吸水率が大きいほど安定性試験の損失量やすりへり減量が大きい。

(4)　実績率とは単位容積中に占める骨材の実質部分の割合を容積の百分率で表示したものである。

解　説

(1)　記述のとおりである。

(2)　吸水率が大きいということは空隙が大きいので，比重は小さくなる

よって誤りである。

(3) 吸水率が大きいということは，空隙が大きく，構造が緻密ではないといえる。したがってすりへりにも弱くなる。

(4) 記述のとおりである。

解答(2)

【問題7】

骨材に関する次の記述のうち，正しいものはどれか。

(1) 単位容積質量が小さいものほど実績率が小さく，粒形がよいといえる。

(2) 粒形判定実績率が大きいほど骨材の形状が球形に近いということになり，同一スランプを得るためのコンクリートの単位水量を大きくできる。

(3) 骨材の最大寸法が大きいほど単位容積質量は大きい。

(4) 最大寸法とは質量で骨材の85%が通るふるいのうち最小寸法のふるいの呼び寸法で示される骨材の寸法である。

解　説

(1) 単位容積質量が大きいものほど実績率が大きく，粒形がよいといえる。

(2) 骨材の形状が球形に近いと，流動性がよくなるので単位水量を小さくすることができる。

(3) 記述のとおりである。

(4) 最大寸法は質量で骨材の90%が通るふるいのうち最小寸法のふるいの呼び寸法で示される骨材の寸法である。

解答(3)

【問題8】

骨材に関する次の記述のうち，正しいものを選べ。

(1) 粗粒率が2.30の砕石300 kgと粗粒率2.70の砕石200 kgを混合すると，粗粒率は2.50となる。

(2) 粗粒率とはふるい分け試験において，各ふるいにとどまる試料の質量百分率の和を求め，その値を100で割った値である。

(3) 粗粒率のふるいの寸法は100, 40, 20, 10, 5, 2.5, 1.2, 0.6, 0.3, 0.15 mm を用いる。

(4) 砕石2005の粗粒率は2.0〜3.0程度，砕砂の粗粒率は6.0〜7.0程度である。

解　説

(1) 混合した骨材の粗粒率は（2.3×300＋2.7×200）／（300＋200）＝2.46となる。

(2) 記述のとおり正しい。

(3) 100 mm のふるいでなく，80 mm を用いる。

(4) 粒が大きいものが多いほど粗粒率は大きくなる。砕砂の粗粒率は2.0〜3.0程度，砕石2005の粗粒率は6.0〜7.0程度である。

解答(2)

【問題9】

下表はある骨材について，ふるい分け試験を行った結果である。この骨材の粗粒率はいくらか。

(1) 3.15
(2) 2.15
(3) 6.85
(4) 7.85

ふるいの呼び寸法	80	40	20	10	5	2.5	1.2	0.6	0.3	0.15	計
ふるいを通るものの質量百分率（％）	100	100	77	28	7	3	0	0	0	0	
ふるいにとどまるものの質量百分率（％）											

ふるいにとどまるものは，（100−ふるいを通るものの質量百分率）で求められる。

ふるいの呼び寸法	80	40	20	10	5	2.5	1.2	0.6	0.3	0.15	計
ふるいを通るものの質量百分率（％）	100	100	77	28	7	3	0	0	0	0	
ふるいにとどまるものの質量百分率（％）	0	0	23	72	93	97	100	100	100	100	685

粗粒率＝685÷100＝6.85　となる。

解答(3)

【問題10】

同じ水セメント比のコンクリートについて次の記述のうち，正しいものを答えよ。

(1) 粗粒率が小さいほどスランプは大きくなる。
(2) 細骨材率が大きいほどスランプは小さくなる。
(3) 粗骨材の実績率が小さいほどスランプは大きくなる。
(4) 粗骨材の最大寸法が小さいほどスランプは大きくなる。

解 説

(1) 粗粒率が小さい＝小さい骨材が多い，ということなので粘りが大きくなりスランプは小さくなる。

(2) 細骨材率が大きい＝細かい粒が多い，ということなので粘りが大きくなって変形しにくくなるのでスランプは小さくなる。

(3) 粗骨材の実績率が小さい＝細骨材が多くなる，ということなので細かい粒が多くなって粘りが大きくなりスランプは小さくなる。

(4) 粗骨材の最大寸法が小さいと，細かい骨材が多くなるのでスランプは小さくなる。

解答(2)

【問題11】

　骨材に関する次の記述のうち，誤っているものを選べ。

(1)　軽量骨材は構造物の自重を低減するために用いられる。

(2)　スラグ細骨材を用いたコンクリートの圧縮強度は若材令で小さく，91日以降で大きくなる。

(3)　フェロニッケルスラグ細骨材を用いたコンクリートはブリーディング量が少なくなる。

(4)　プレウェッティングが不十分な人工軽量骨材を用いたコンクリートはポンプ圧送中のスランプの低下が大きい。

解　説

(1)　軽量骨材は通常の骨材より軽いので，コンクリート構造物自身の重量を軽減できる。

(2)　スラグ細骨材を用いたコンクリートは若材令では強度が小さい。しかし，スラグ細骨材は時間の経過とともにコンクリートの硬化を促進し，強度が増進する。

(3)　フェロニッケルスラグ細骨材を用いたコンクリートはブリーディング量が多くなる。よって誤りである。

(4)　人工軽量骨材は内部に多くの空隙が存在する。あらかじめ水分を吸収させておかない場合，コンクリートに配合した水が骨材内部に吸収されるため，スランプが低下する。

解答(3)

1-3　混和材料

（1）混和材料とは

　コンクリートの性能を改善し，品質を向上させるために用いられるものです。大きく分けて「混和材」と「混和剤」があります。

〈混和材と混和剤の区別〉

　「混和材」：それ自体の容積がコンクリートの練りあがりの容積に算入されるもの。

　「混和剤」：その使用量が少量で薬品的に用いられるもの。

（2）混和材

混和材，混和剤それぞれの種類と特徴を覚えよう。

① フライアッシュ

　フライアッシュとは，石炭火力発電所において生成される「灰」です。

・主成分は SiO_2（二酸化ケイ素）と Al_2O_3（酸化アルミニウム）。

・フライアッシュの種類はⅠ～Ⅳ種。

・フライアッシュ自体に水硬性はない。

・フライアッシュには，**ポゾラン活性**（水酸化カルシウムと反応して不溶性のけい酸カルシウム水和物を生成すること）がある。

・フライアッシュ中の未燃カーボン（炭素）が増加すると，それに AE 剤が吸着するので，AE 剤の使用量を増やす必要がある。

〈フライアッシュの効果〉

・ワーカビリティーの改善。

・所要のスランプを得るために必要な**単位水量の減少**。

・**長期強度の増強**。

・**アルカリシリカ反応の抑制**。

・**水和熱の低減**。

高炉スラグ微粉末とは，高炉から排出された溶融スラグを急冷して，粉砕したものです。高炉スラグ微粉末には **4種**あります（高炉スラグ微粉末3000，高炉スラグ微粉末4000，高炉スラグ微粉末6000，高炉スラグ微粉末8000：数字が大きいほど比表面積が大きい）。

- ・高炉スラグには「**潜在水硬性**」（それ自身は水と混合しても硬化しないが，セメントなどのアルカリや石こうなどが刺激となって硬化する性質）がある。
- ・高炉スラグ微粉末は中性化速度を大きくする。

〈高炉スラグ微粉末の効果〉

- ・**長期強度**が，無混入のコンクリートよりも大きくなる。
- ・ポルトランドセメントの一部として置換して用いれば，**水和熱の発生を抑制**することができる。
- ・硫酸塩や海水に対する耐久性がある。
- ・塩化物イオンの浸透を抑制する効果がある。
- ・**アルカリシリカ反応の抑制効果**がある。

③ 膨張材

膨張材はセメント，水とともに練り混ぜると**水酸化カルシウム**または**エトリンガイト**の結晶を生成させます。その膨張圧を利用して，コンクリートに**体積膨張**を起こさせています。

> なぜコンクリートを膨張させるのか？
> コンクリートは硬化後，コンクリート表面が乾燥し，水分が蒸発すると，その分，体積が減少する。体積が減少すると，コンクリートにひび割れが入ってしまうのでそれを抑制するために膨張させる。

現場でよく使う「無収縮モルタル」も，この成分を使用しています。

- ・鉄筋コンクリート管などの製品に**ケミカルプレストレス力**を導入する際などに用いられる。
- ・膨張材には CSA 系（カルシウムサルホアルミネート），石灰系がある。
- ・コンクリートの**乾燥収縮**によるひび割れ発生を抑制する（これを収縮補償という）。

・収縮補償を目的とした場合，膨張材は30 kg/m³程度使用します。ケミカルプレストレスを導入する時は使用量がもっと多くなる。

④　シリカフューム

　シリカフュームとは，フェロシリコンやフェロシリコン合金の製造時に副産物として生成される二酸化ケイ素（SiO2）を主成分とするポゾランです。

> それ自体は水硬性をほとんど持たないが，水の存在のもとで水酸化カルシウムと常温で反応して不溶性の化合物を作って硬化する鉱物質の微粉末の材料である。
> ※注意点：潜在水硬性はシリカフュームにはないが，高炉スラグ微粉末にはあることに注意する。

・超微粒子であるためセメント粒子の間に充填されるので，コンクリートの強度を高めることができる。これを「マイクロフィラー効果」という。
・粒径は，セメントの1/100程度と非常に小さく，用いるとブリーディングが小さくなる。
・シリカフュームを用いると流動性がよくなり，高強度コンクリートのワーカビリティーの改善に効果がある。
・シリカフュームを用いると，用いない場合より自己収縮が大きくなる。
　注意点：自己収縮低減のためにシリカフュームを用いることはしないことに注意する。

⑤　石灰石微粉末

石灰石を粉砕して微粉末とした材料である。
・コンクリートの流動性の改善，材料分離抵抗性の確保，水和熱の低減などを目的として使用される。
・石灰石微粉末は，一般的には結合材とはみなされていない。
　（結合材とは，水と反応しコンクリートの強度発現に寄与するもので，セメント，フライアッシュ，高炉スラグ微粉末などが該当する）

（3）混和剤

①　AE剤

　AE剤は，コンクリート中に多数の微細な独立した気泡を一様に分布させるものです。この空気泡を「エントレインドエア」といいます（「エント

ラップトエア」は練り混ぜ時に混入する空気泡のことです。間違わないように！）。使用することで，ワーカビリティーを改善し，耐凍害性を向上させます。

- ・コンクリートの練り上がり**温度が高ければ，空気が連行されにくく，空気量が減少するため，AE 剤の使用量を増やす必要がある。**
- ・セメントの粉末度（＝比表面積）が大きいほど，また，**セメント量が多いほど空気は連行されにくくなる。**
- ・フライアッシュ（未燃炭素を多く含む場合）を使用すると**空気が連行されにくくなるため，AE 剤の使用量を多くしなければならない。**（未燃炭素に AE 剤が吸着してしまうため）
- ・回収水中の**スラッジ固形分が多くなると空気が連行されにくくなるため，AE 剤の使用量を多くしなければならない。**
- ・ワーカビリティを改善し，耐凍害性を向上させます。
- ・ＡＥ剤の凍結融解に対する抵抗性の試験はスランプ 8 cm のコンクリートで行います。

> （参考）
> AE 剤は英語で（AIR ENTRAINING AGENT）という。
> A は Air（空気），E は Entraining（連行する）という意味です。
> 「ＡＥ」と名のついた混和剤はコンクリート中に連行空気を発生させ，凍結融解の抵抗性を高めています。

---

② 減水剤・AE 減水剤

　減水剤をセメントペーストに混ぜると，静電気的な反発作用によりセメント粒子は個々に分散され，流動性が大きくなります。このように減水剤にはセメントの分散作用があります。

　「**減水剤**」は，所要のコンシステンシーや強度を得るのに必要な単位水量および単位セメント量を減少させることができます。空気連用作用はありません。「**AE 減水剤**」は，「セメント分散作用」と「空気連行作用」の両方をもった混和剤です。

- ・JIS に規定されている減水剤の減水率は 4 ％以上であり，AE 剤の 6 ％より小さい値となっている。
- ・**AE 減水剤の減水率**は種類により異なり，**8 ～10％**である。標準形と遅延形は10％，促進形は 8 ％である。

※「減水剤」「AE 減水剤」には凝結時間の差によって**「標準形」「遅延形」「促進形」**の 3 種類に分類される。また，含まれる**塩化物イオン量**により Ⅰ～Ⅲ種に分けられる。「AE 減水材　標準形Ⅰ種」など。

　1）**「遅延形」**
　　コンクリートの硬化を**遅らせる働き**があり，夏期に使用される。
　2）**「促進形」**
　　コンクリートの**初期強度の発現を促進**する。冬期に用いられるほか，型枠存置期間の短縮の場合などに使用する。（早く硬化すれば，型枠を早く脱型することができる）

・AE 減水剤の凍結融解に対する抵抗性の試験は，**スランプ 8 cm** のコンクリートで行う。減水剤には，凍結融解に対する抵抗性の規定はない。
　　つまり、**凍結融解に対する抵抗性を確保するためには減水剤ではなく，ＡＥ減水剤を用いる**必要がある。

③　**高性能 AE 減水剤**

　高性能 AE 減水剤は，AE 減水剤よりもさらに大きな減水効果と**高いスランプ保持性**を有します。「スランプ保持性が高い」とは，簡単に言えば，スランプが長時間低下しない（硬くならない）ということです。
・ナフタレン系，メラミン系，ポリカルボン酸系，アミノスルホン酸系の 4 種がある。
・高性能 AE 減水剤の減水率は，JIS で減水率は**18%以上**と規定されている。
・**「標準形」「遅延形」**があり，**「促進形」はない**。塩化物量イオン量による規定は AE 減水材と同じ。
・高性能 AE 減水剤の**凍結融解に対する抵抗性の試験**は，**スランプ18 cm** のコンクリートで行う。
・高性能 AE 減水剤には，**スランプおよび空気量の経時変化量の規定値**がある。それらは**スランプ18 cm** のコンクリートについて試験を行う。
・**高強度コンクリート，高流動コンクリート**などによく使用される。

流動化剤は，あらかじめ練り混ぜられたコンクリートに「後添加」して
ワーカビリティーを改善するものです（スランプを増加させる）。夏によく
現場で加えるものです。標準形と遅延形があります。

⑤　その他の混和剤

1）発泡剤

化学的な反応によりガスを発生するもので，フレーク状のアルミニウム
粉末が用いられます。気泡コンクリートなどに用いられます。

2）急結剤

凝結時間を著しく短縮したもので，主として吹付けコンクリートに用い
られます。

3）硬化促進剤

セメントの水和を早め，初期材齢の強度を大きくする化学混和剤である。

寒中期における初期強度発現を促進し，型枠解体時期を早める目的など
で使用される。

4）収縮低減剤

コンクリートの乾燥収縮および自己収縮を低減する効果をもつ混和剤で
ある。

⑥　混和剤の品質

・化学混和剤からもたらされるコンクリート中の**全アルカリ量（Na_2O_{eq}）**
は**0.30kg/m³以下**でなければならない。

・AE剤，AE減水剤，高性能AE減水剤，流動化剤を用いたコンクリー
トの**凍結融解に対する抵抗性**は，凍結融解の繰返し300サイクルにおけ
る**相対動弾性係数で60％以上**とされている。

・**形式評価試験**は製品の**開発当初**に行う試験である。試験の項目には減水
率，凝結時間の差，凍結融解に対する抵抗性などがある。

・**性能確認試験**は形式評価試験で確認された性能をチェックするために**定
期的に実施**（6か月ごとに1回。ただし圧縮強度試験は1年に1回）す
る試験である。

【問題 1】

フライアッシュを混和材として用いたコンクリートに関する次の記述のうち，誤っているものを答えよ。

(1)　フライアッシュは所要のスランプを得るために必要な単位水量を減らすことができる。

(2)　フライアッシュはそれ自体に水硬性はないがポゾラン活性がある。

(3)　フライアッシュはワーカビリティーを改善することができる。

(4)　フライアッシュ中の未燃カーボンが増加すると，AE 剤の使用量を減らす必要がある。

解　説

(1)(2)(3)　記述のとおりである。

(4)　未燃カーボンに AE 剤が吸着し，正常に効果を発揮しにくくなる。したがって，使用量を増やす必要がある。

解答(4)

【問題 2】

高炉スラグ微粉末に関する次の記述のうち，誤っているものを答えよ。

(1)　高炉スラグ微粉末には比表面積の大きさにより3000，4000，6000，8000の 4 種がある。

(2)　高炉スラグ微粉末にはアルカリシリカ反応抑制効果がある。

(3)　高炉スラグ微粉末を混和材として用いると，硫酸塩や海水に対する耐久性が低下する。

(4)　高炉スラグ微粉末を混和材として用いると，長期強度が無混入のコンクリートよりも大きくなる。

解　説

(1)(2)(4)　記述のとおりである。

(3)　硫酸塩や海水に対する耐久性は大きくなる。

解答(3)

【問題3】

膨張材を用いたコンクリートに関する次の記述のうち，誤っているものは
どれか。

(1) 膨張材はセメント，水とともに練り混ぜると水酸化カルシウムまたは
エトリンガイトの結晶を生成し，その際体積膨張を起こしている。

(2) 鉄筋コンクリート管などの製品にケミカルプレストレス力を導入する
際などに用いられる。

(3) 膨張材には CSA 系や石灰系のものがある。

(4) 収縮補償を目的とした場合，膨張材は50 kg/m³程度使用するのが一
般的である。

解 説

(1) 記述のとおりである。体積膨張により，ひび割れを抑制できる。

(2) ケミカルプレストレスとは体積膨張による膨張圧により発生する力で
ある。

(3) 記述のとおりである。

(4) 収縮補償を目的とした場合，膨張材は30 kg/m³程度使用する。よっ
て誤りである。

解答(4)

【問題4】

シリカフュームや，それを混和材として用いたコンクリートに関する次の
記述のうち，誤っているものを答えよ。

(1) マイクロフィラー効果が期待できる。

(2) シリカフュームの粒径はセメントの1/10程度である。

(3) 水セメント比が30％以下の高強度コンクリートのワーカビリティーの
改善に役立つ。

(4) シリカフュームを用いるとブリーディングが小さくなる。

解 説

(1) 超微粒子であるため，セメント粒子の間に充填されるのでコンクリー
トの強度を高めることができる。それをマイクロフィラー効果と呼んで
いる。

(2) シリカフュームの粒径はセメントの1/100程度と非常に小さい。よっ

て誤りである。

(3)(4)　記述のとおりである。

解答(2)

【問題 5 】

AE 剤に関する次の記述のうち，誤っているものはどれか。

(1)　AE 剤によって発生する空気泡をエントラップトエアと呼んでいる。

(2)　コンクリートの練り上がり温度が高ければ AE 剤の使用量を増やす必要がある。

(3)　セメントの比表面積が大きいほど，AE 剤の使用量を増やす必要がある。

(4)　AE 剤の凍結融解に対する抵抗性の試験はスランプ 8 cm のコンクリートで行う。

解　説

(1)　エントラップトエアではなくエントレインドエアが正しい。エントラップトエアは練り混ぜ時に混入する。

(2)(3)(4)　記述のとおりである。

解答(1)

【問題 6 】

混和剤に関する次の記述のうち，誤っているものを答えよ。

(1)　AE 減水剤および減水剤の凍結融解に対する抵抗性の試験はスランプ 8 cm のコンクリートで行う。

(2)　JIS に規定されている減水剤の減水率は 4 ％以上であり，AE 剤は 6 ％以上である。

(3)　減水剤および AE 減水剤には，凝結時間の差によって「標準形」「遅延形」「促進形」の 3 種類がある。

(4)　混和剤の遅延形はコンクリートの硬化を遅らせ，促進形はコンクリートの初期強度の発現を促進する。

解　説

(1)　減水剤には凍結融解に対する抵抗性の規定はない。

(2)(3)(4)　記述のとおりである。

解答(1)

1-4 練混ぜ水

（1）練混ぜ水の種類
　上水道水，上水道水以外の水，回収水があります。

（2）練混ぜ水として使えないもの
　海水は練混ぜ水として使用できません。ただし，**無筋コンクリート**の場合は使用が認められています。これは鉄筋の腐食を考えなくてよいからです。

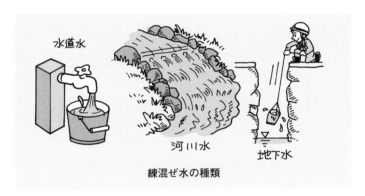

練混ぜ水の種類

（3）上水道水
　上水道水は普通の水道水です。使用にあたり，**特に試験は必要ありません**。他の水は試験が必要になります。

（4）上水道水以外の水
　上水道水以外の水とは河川水，井戸水，地下水，湖沼水や工業用水などです。「上水道水以外の水」の品質について JIS 規定には下記の項目があります。

　　・懸濁物質の量（2 g/ℓ 以下）（※）
　　・溶解性蒸発残留物の量（1 g/ℓ 以下）（※）
　　・塩化物量イオン量（200 ppm〈mg/ℓ〉以下）
　　・セメントの凝結時間の差の上限値が規定されている
　　・モルタルの圧縮強さの比の下限値が規定されている

（※）回収水にはこの規定はない。この規定は上水道以外の水だけ！

それぞれの数字を覚えよう！

（5）回収水

　回収水とは生コン工場での生コン車やプラントの洗い水を処理して得られる水のことです。回収水には「スラッジ水」と「上澄水」があります。

「**スラッジ水**」：回収水のうちスラッジ**固形分**（水和生成物，一部骨材微粒子）を含む**懸濁水**です。

「**上澄水**」：**回収水からスラッジを取り除いた水酸化カルシウム等を含むアルカリ性の高い水**です。上澄水は練混ぜ水として**上水と同様に使用してよい。**

・スラッジ固形分は**セメント重量の 3 ％**を越えなければならない（＝スラッジ固形分率 3 ％を越えてはならない。スラッジ水の 3 ％でないことに注意すること）。例えば，セメント量が300 kg/m³の場合，練混ぜ水として使用する回収水のスラッジ固形分は，300×3/100＝ 9 kg を超えてはならない。

〈スラッジ固形分が多い場合の対応〉
・単位水量と単位セメント量を増やす。
・細骨材率を減らす。
・AE 剤や AE 減水剤の使用量を増やす。

〈回収水の品質についての JIS 規定〉
　数字を覚えよう！
・塩化物イオン量（200 ppm〈mg/ℓ〉以下）
　つまり塩化物イオンの上限値が規定されている。
・セメントの凝結時間の差の上限値が規定されている。
・モルタルの圧縮強さの比の下限値が規定されている。

（6）2種類の水を混合する場合

　上水道水，上水道水以外の水，回収水を混合して使用する場合は，**混合前のそれぞれの水がそれぞれの基準（上水道水は基準なし）に適合**していなければなりません。つまり，混合したものを検査して，「上水道水以外の水の基準」に適合していてもそれだけでは使用はできません。また同様に混合したものを検査して，「回収水の基準」に適合していても使用はできません。

【問題1】

　練混ぜ水に関する次の記述のうち，誤っているものを答えよ。

(1)　上水道水は特に試験をしなくても使用することができる。

(2)　回収水と地下水を混合して使用する場合はそれぞれの水の規定に適合していなければならない。

(3)　上水道水以外の水の塩化物イオン量の上限値は200 ppm である。

(4)　スラッジ水を練混ぜ水として用いる場合はスラッジ固形分の濃度はスラッジ水の3％を超えてはならない。

| 解　説 |

(1)　上水道水以外は使用するにあたり試験が必要となる。上水道水の場合，試験は不要。

(2)　記述のとおりである。

(3)　記述のとおりである。200 ppm という数値を覚える。

(4)　スラッジ水の3％ではなく，セメント量の3％を超えてはならない。よって誤りである。

| 解答(4) |

【問題2】

　練混ぜ水に関する次の記述のうち，正しいものを答えよ。

(1)　海水は練混ぜ水として使用できないが，無筋コンクリートの場合は使用が認められている。

(2)　セメント量が300 kg/m³の場合，練混ぜ水として使用する回収水のスラッジ固形分は15 kg を超えてはならない。

(3)　スラッジ水にスラッジ固形分が多い場合には単位水量と単位セメント量を減らす。

(4)　スラッジ水にスラッジ固形分が多い場合には細骨材率を増やす。

解　説

(1)　記述のとおりである。海水には塩分が含まれるので，鉄筋をさびさせるため用いてはならないが，無筋（鉄筋がない）コンクリートでは使用しても問題ない。

(2)　回収水のスラッジ固形分はセメントの3％を超えてはならない。したがって，$300 \times 3/100 = 9\,\mathrm{kg}$ を超えてはならない。

(3)　スラッジ固形分が多い場合には単位水量と単位セメント量を増やさなければならない。

(4)　スラッジ固形分が多い場合には細骨材率を減らさなければならない。

解答(1)

【問題3】

回収水の品質として JIS で規定されていないものを答えよ。

(1)　セメントの凝結時間の差

(2)　モルタルの圧縮強さの比

(3)　溶解性蒸発残留物の量

(4)　塩化物イオン量

解　説

(1)(2)(4)は回収水の品質として規定されている。

(3)　溶解性蒸発残留物の量は上水道水以外の水で規定されている。

解答(3)

【問題4】

　上水道水以外の水を試験したところ次の結果が得られた。練混ぜ水として使用できないものを答えよ。

品質＼水の種類	(1)	(2)	(3)	(4)
懸濁物質の量（g/ℓ）	0.3	1.8	0.8	1.4
溶解性蒸発残留物の量（g/ℓ）	0.7	0.2	0.9	0.5
塩化物イオン量（ppm）	210	170	190	120

| 解　説 |

　練混ぜ水として用いるには，懸濁物質の量（2 g/ℓ 以下），溶解性蒸発残留物の量（1 g/ℓ 以下），塩化物量イオン量（200 ppm 以下）でなければならない。(1)は塩化物イオン量が200 ppm を超過しているので使用できない。(2)，(3)，(4)はすべての項目で基準をクリアしている。

解答(1)

補強材

（1）鋼材とコンクリート

　コンクリートは圧縮に強く引張に弱い材料です。その弱点を補うのが鉄筋などの鋼材の役割です。鋼材が補強材として適している理由は，

①　熱膨張係数がコンクリートとほぼ同じなので，温度変化による内部応力の発生がありません。

②　コンクリートはアルカリ性なので鋼材の腐食を防止します。

（2）鋼材の物理的性質

・比重　**7.85**（＝7.85g/cm³，水の7.85倍の重さ）

・熱膨張係数　　　　　　　　　　　波線部の数値は暗記してください。

　約1×10⁻⁵/K（10×10⁻⁶とも表現される）

　鉄筋とコンクリートの熱膨張係数はほぼ同じである。

・弾性係数（ヤング係数，ヤング率）

　200 kN/mm²でほぼ一定。

　引張強さや鋼材の種類が変わっても一定です。つまり，鉄筋とPC鋼材では，ヤング率はほぼ同じです。

（3）鋼材の機械的性質

　鋼材を引張った時の応力ひずみ関係を理解しておいてください。

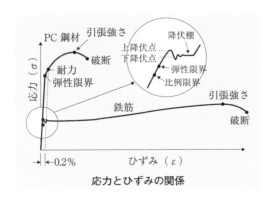

応力とひずみの関係

1）比例限界

　応力とひずみが直線関係を示す限界点を比例限界といいます。

2）弾性限界

　鋼材に引張力を加えると伸びが生じます。引張力を除荷した時に，元
の長さに戻るのが弾性という性質です。元の長さに戻る応力の範囲を弾
性範囲といい，この限界点が弾性限界です。

3）永久ひずみ

　鋼材に生じる応力が弾性範囲を超えると，引張力を除いても元の長さ
に戻らなくなります。このとき残留しているひずみのことを永久ひずみ
といいます。

4）上降伏点

　応力ひずみ曲線において，弾性限界を超えたあと応力が一旦最大値と
なります。その時の応力を上降伏点といいます。

5）下降伏点

　上記の上降伏点を超えたあと，応力はほぼ一定状態となります。その
状態における最小値を下降伏点といいます。

6）耐力

　永久ひずみが0.2%に達した時の応力を耐力といいます。

7）引張強さ

　鋼材が耐えた最大の応力を引張り強さといいます。

※降伏点や引張強さなどの応力の計算には荷重をかける前の原断面積を
　用います。異形鉄筋の場合は**公称断面積**を用います。

　　公称断面積＝0.7854×d²/100（d：公称直径）

　　（この内容はよく出題されますので注意してください）

（4）鋼材のその他の性質

・鋼材中の炭素量を増やすと破断時の伸びが小さくなる。また，粘り強さ
　がなくなり，もろくなる。
・鉄筋はPC鋼棒よりも破断時の伸びが大きい。
・**鋼材の強度が大きくなるほど破断時の伸びが小さくなる。**
　※例えば破断伸びの下限値はSD345よりSD490のほうが小さい。

（5）鉄筋

SD は異形棒鋼（S：Steel　D：Deformed）

SR は丸鋼（S：Steel　R：Round）

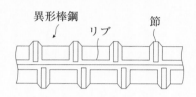

異形棒鋼は節やリブがあるため，丸鋼より
コンクリートとの付着強度が大きい。

異形棒鋼　　リブ　　　　　節

リブ：軸線方向の連続した突起
節：軸線方向以外の突起

　SD345の345，SR295A の「295」などの数字は「**降伏点または0.2％耐力の下限値**」を示しています。つまり345は345 N/mm²を示しています（「引張強さ」ではありませんので注意してください）。

　また，SDR や SRR というのもあります。3番目のR は「Rerolled」で，「再生鋼」という意味です。

**　　SDR は再生異形棒鋼**

**　　SRR は再生丸鋼**

です。

　さらに，D6，D13，D19，D22，D29，D32，D51などの表現があります。これは異形棒鋼の**呼び名**といわれるもので，数字はおおよその直径を表しています（実際の直径は公称直径であり，表示された数字とは少し差があります）。

　降伏点を明確に示します。破断までの伸びは長くなります。

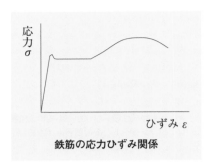

鉄筋の応力ひずみ関係

（6）PC鋼材

　PC鋼材は，鉄筋に比べて高い引張強度を持っています。**プレストレストコンクリート**用の緊張材です。

　一般的に，鋼材の強度が高くなると破断までの伸びは小さくなります。

　したがって，**PC鋼材は鉄筋より破断までの伸びは小さくなります。**

① PC鋼材の記号

　SBPR 930/1080などと表します。数字の前者は**耐力**（ここでは930 N/mm²を，後者は**引張強さ**（ここでは1080 N/mm²）を表しています。

② PC鋼材の応力ひずみ曲線

　明瞭な降伏点を示さないので，**耐力**（0.2％の永久ひずみを生じる応力）**を降伏点の代用**としています。

　PC鋼材の応力ひずみ関係は，「J」を上下ひっくり返して少し時計周りに傾けた形になります。鉄筋とかなり違った曲線を描きます。

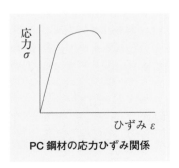

PC鋼材の応力ひずみ関係

③　耐力の大きさ

PC 鋼棒の耐力は785〜1275 N/mm²であり，鉄筋の**2倍以上**もあります。

④　リラクセーション

ＰＣ鋼材を引っ張って一定の長さに保つと，時間の経過とともにその**引張応力が減少する**。これを**リラクセーション**という。

（7）連続繊維補強材

補強材には鋼材以外にも炭素繊維，アラミド繊維，ビニロン繊維等がある。

〈特徴〉

- ・錆びない。
- ・高引張強度（炭素繊維で約1800 N/mm²）で，低弾性 PC 鋼棒と同等以上の引張強度を持っているが鋼材より低弾性である。
- ・脆性的であり，鋼材のような粘り強さがない。
- ・曲げ，せん断には弱い。

（8）短繊維

コンクリートの**力学特性の改善（曲げじん性の向上）**や，**剥落および爆裂防止を目的**として，短繊維を用いた補強材料が使用されます。短繊維には，主に**鋼繊維**と**合成繊維**（アラミド繊維，ナイロン繊維等）があり，使用にあたっては，その用途ごとに，適した直径，長さおよび形状がそれぞれ異なるので，事前に試験を行い，その品質を確認します。

〈特徴〉

- ・短繊維の**混入率が多くなるほど**，コンクリート中で繊維が**一様に分散しにくくなる**。
- ・短繊維を混入するとコンクリートの**流動性が低下**する（荒々しいコンクリートとなる）ため，同一スランプを得るためには細骨材率や単位水量を増やす必要がある。
- ・短繊維を混入すると，所要の流動性を確保するために必要な単位水量が増加するので，高性能 AE 減水剤等を用いて単位水量の増加を抑制するのがよい。
- ・**高強度コンクリートにポリプロピレン短繊維を用いると火災時の爆裂防止**に効果がある。

【問題1】

　鋼材およびコンクリートの性質に関する次の記述のうち，誤っているもの
を答えよ。

(1)　鋼材とコンクリートは熱膨張係数がほぼ同じ 1×10^{-5}/K である。

(2)　鋼材の比重は7.85である。

(3)　鋼材の弾性係数（ヤング係数，ヤング率）は約200 kN/mm²である。

(4)　鋼材中の炭素量を増やすと破断時の伸びが大きくなる。

解　説

(1)(2)(3)　記述のとおりである。

(4)　鋼材中の炭素量を増やすと破断時の伸びが小さくなる。また，脆くな
　　る。

解答(4)

【問題2】

　鋼材の性質に関する次の記述のうち，正しいものを答えよ。

(1)　弾性限界とは応力とひずみが直線関係を示す限界点をいう。

(2)　比例限界とは鋼材に引張力を加えた場合に，引張力を除荷した時に，
　　元の長さに戻る応力の範囲の限界点をいう。

(3)　上降伏点とは鋼材が耐えた最大の応力をいう。

(4)　異形鉄筋の降伏点や引張強さなどの応力の計算には，公称断面積を用
　　いる。

解　説

(1)　これは比例限界の説明である。

(2)　これは弾性限界の説明である。

(3)　これは引張強さの説明である。

(4)　鋼材の降伏点や引張強さなどの応力の計算には荷重をかける前の原断
　　面積を用いる。異形鉄筋の場合は公称断面積を用いる。破断後の断面積

などは用いない。

解答(4)

【問題3】

鋼材の応力ひずみ関係に関する次の記述のうち，誤っているものを答え
よ。

(1) 鋼材に生じる応力が弾性範囲を超えると引張力を除いても元の長さに
戻らなくなる。このとき残留しているひずみのことをクリープひずみと
いう。

(2) 永久ひずみが0.2％に達した時の応力を耐力という。

(3) 応力ひずみ曲線において，弾性限界を超えたあと応力が一旦最大値と
なる。その時の応力を上降伏点という。

(4) 比例限界までの範囲における応力ひずみ関係の傾きを弾性係数（ヤン
グ係数）という。

| 解　説 |

(1) クリープひずみではなく，永久ひずみの説明である。

(2)(3)(4) 記述のとおりである。

解答(1)

【問題4】

鉄筋コンクリート用棒鋼に関する次の記述のうち，誤っているものを述べ
よ。

(1) SD は異形棒鋼を表している。

(2) SR は丸鋼を表している。

(3) SDR は再生異形棒鋼を表している。

(4) SR295A の295という数字は引張強さの下限値を示しています。

練習問題

(1)(2)(3)　記述のとおりである。

(4)　SR295A の295という数字は「降伏点または0.2%耐力の下限値」を示している。

解答(4)

【問題 5 】

　下記の図は材料Ａ，Ｂに関する応力ひずみ関係を示している。図に該当するものの組合せとして，正しいものを答えよ。

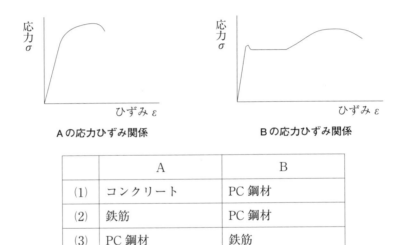

Ａの応力ひずみ関係　　　　　　　　Ｂの応力ひずみ関係

	A	B
(1)	コンクリート	PC 鋼材
(2)	鉄筋	PC 鋼材
(3)	PC 鋼材	鉄筋
(4)	PC 鋼材	コンクリート

　ＡはPC鋼材，Ｂは鉄筋の応力ひずみ曲線である。

解答(3)

【問題6】

鋼材に関する次の記述のうち，誤っているものを答えよ。

(1) SBPR 785/1030は耐力が785 N/mm²，引張強さが1030 N/mm²であることを示している。

(2) PC鋼材の応力ひずみ関係は明瞭な降伏点を示さないので，耐力を降伏点の代用としている。

(3) PC鋼材は鉄筋と比較すると，引張強度が小さいが，破断伸びは大きい。

(4) PC鋼材はプレストレストコンクリート用の緊張材として用いられる。

解　説

(1)(2)(4)　記述のとおりである。

(3) PC鋼材は鉄筋と比較すると，引張強度が大きく，破断伸びは小さい。イメージとして，"鉄筋のほうがよく伸びる"と覚えておくとよい。

解答(3)

【問題7】

コンクリートに用いられる短繊維に関する記述のうち誤っているものを答えよ。

(1) 高強度コンクリートにポリプロピレン短繊維を用いると火災時の爆裂防止に効果がある。

(2) 短繊維を混入すると，所要の流動性を確保するために必要な単位水量が増加する。

(3) 短繊維を混入するとコンクリートの流動性が低下するため，同一スランプを得るためには細骨材率を増やす必要がある。

(4) 短繊維の混入率が多くなるほど，コンクリート中で繊維が一様に分散しやすくなる。

解　説

(1)(2)(3)は記述のとおりである。

(4) 短繊維の混入率が多くなるほど，コンクリート中で繊維が一様に分散しにくくなる。

解答(4)

（1）セメント

・セメントの製造過程で大量の CO_2 が排出されている。セメントは，石灰石や粘土，また廃材や廃プラスチックといった廃棄物などの原料を調合し，高温で焼成した後に急速冷却し，それに石こうを加え粉砕して完成する。高熱で加熱して冷却する過程で「クリンカ」ができるが，このクリンカを生産する際に，**石灰石（$CaCO_3$）から CO_2（＝脱炭酸反応）が排出**されている。また，製造過程で使用する燃料からも CO_2 が排出されている。

・セメントの一部を**高炉スラグ微粉末やフライアッシュ等の混和材料で置換**すると，**使用するセメント量を減量**できる。これが CO_2 発生抑制に寄与していることとなる。

（2）コンクリート塊

　構造物の取り壊しにともない排出される**コンクリート塊のリサイクル率は現在では99％を超えています**。粉砕されたリサイクル材は，道路舗装の路盤材やコンクリート骨材等に使用されます。

（3）スラッジ水

　プラントのミキサ，ホッパあるいはトラックアジテータ等の洗浄排水から骨材を取り除いて回収した**スラッジ水を練り混ぜ水として活用することは産業廃棄物の削減**につながります。

練習問題

【問題1】
　コンクリート材料の環境配慮に関する記述のうち誤っているものを答えよ。
　(1)　セメントの製造過程で，原料である石灰石からは，脱炭酸反応により，CO_2 が発生する。
　(2)　セメントの一部を高炉スラグ微粉末やフライアッシュ等の混和材料で置換することは CO_2 発生抑制に寄与している。
　(3)　構造物の取り壊しにともない排出されるコンクリート塊のリサイクル率は80％程度である。
　(4)　スラッジ水を練り混ぜ水として活用することは産業廃棄物の削減につながる。

解　説
　(1)(2)(4)は記述のとおりである。
　(3)　構造物の取り壊しにともない排出されるコンクリート塊のリサイクル率は現在では99％を超えている。

解答(3)

第 **2** 章

配　合

　コンクリートは，セメント，細骨材，粗骨材，水，混和材量などを混合
して製造します。その混ぜ合わせる量を配合といい，コンクリートをつく
るためのレシピのようなものです。配合によって，耐久性や強度が変化し
ます。

2-1 配合設計の手順

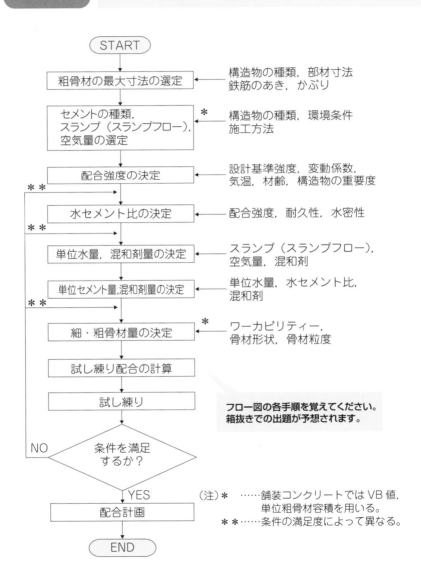

START

粗骨材の最大寸法の選定 ← 構造物の種類，部材寸法
鉄筋のあき，かぶり

セメントの種類，
スランプ（スランプフロー），
空気量の選定 * ← 構造物の種類，環境条件
施工方法

配合強度の決定 ← 設計基準強度，変動係数，
気温，材齢，構造物の重要度

** → 水セメント比の決定 ← 配合強度，耐久性，水密性

** → 単位水量，混和剤量の決定 ← スランプ（スランプフロー），
空気量，混和剤

単位セメント量,混和剤量の決定 ← 単位水量，水セメント比，
混和剤

** → 細・粗骨材量の決定 * ← ワーカビリティー，
骨材形状，骨材粒度

試し練り配合の計算

試し練り

**フロー図の各手順を覚えてください。
箱抜きでの出題が予想されます。**

NO ← 条件を満足
するか？

YES

（注）* ……舗装コンクリートでは VB 値，
単位粗骨材容積を用いる。
＊＊……条件の満足度によって異なる。

配合計画

END

2-2 配合に関する語句

① 標準配合（計画調合）

標準配合とは，計画上の調合する材料配分のことであり，骨材は表乾状態，細骨材は 5 mm ふるいを通るもの，粗骨材は 5 mm ふるいにとどまるものを用いた場合としています。

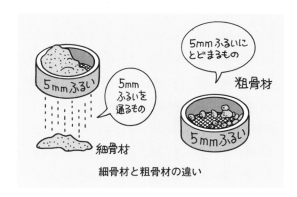

細骨材と粗骨材の違い

② 標準修正配合（現場調合）

現場における細・粗骨材の含水状態に応じて定めた配合のことです。標準配合の単位水量は，骨材が**表乾状態にあるものとして設定**しているため，実際の水の計量にあたっては（標準修正配合では）骨材の有効吸水率あるいは表面水率の変化に応じて，**水量及び骨材量を調節**します。

〈用語解説〉

コンシステンシー：コンクリートの変形・流動性の程度のこと。**スランプ試験**で求める。

ワーカビリティー：コンクリートの運搬，打込み，締固め，仕上げなどの**作業のやりやすさ**のこと。

フィニッシャビリティー：コンクリートの**仕上げやすさ**のこと。

水セメント比：練混ぜ水量/セメント量×100で表される。

・**単位水量**：コンクリート１m³あたりの練り混ぜ水量

・**細骨材率**：**全骨材のうち細骨材が占める割合を体積比**で示したもの。

細骨材率は s/a と表記される。

細骨材率は以下の式で求められる。

$$\text{s/a}（\%）= 細骨材の容積/（全骨材の容積）\times 100$$
$$= V_S/V_A \times 100$$
$$= V_S/（V_S+V_G）\times 100$$

重要！
重量の比ではなく体積の比。
まちがえないように。

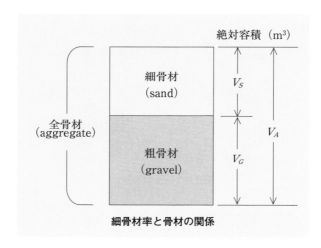

細骨材率と骨材の関係

例題

コンクリート１m³製造する際に加える量が，細骨材が286ℓ/m³，粗骨材が395ℓ/m³の場合，細骨材率 s/a はいくらになるか？

解説

$$\text{s/a} = 286/（286 + 395）\times 100 = \underline{42.0（\%）}（答）$$

2-3 配合の表し方

標準配合が以下の場合，コンクリートの構成はどのようになっているのか調べてみます。ただし，セメントの密度3.16 g/cm³，細骨材の表乾密度2.60 g/cm³，粗骨材の表乾密度2.65 g/cm³とします。

水セメント比（%）	空気量（%）	細骨材率 s/a（%）	単位量（kg/m³）			
			水	セメント	細骨材	粗骨材
55	5.0	45	175	318	780	992

コンクリートは水，セメント，細骨材，粗骨材，空気からできています。コンクリート 1 m³中＝1000 ℓ （リットル）中のそれぞれの容積を求めてみます。

ここで，1000 cm³＝1 ℓ　であるから，セメントの密度3.16 g/cm³，細骨材の表乾密度2.60 g/cm³，粗骨材の表乾密度2.65 g/cm³は，それぞれ，セメントの密度3.16 kg/ℓ，細骨材の表乾密度2.60 kg/ℓ，粗骨材の表乾密度2.65 kg/ℓとなる。

● 水：175/1＝175 ℓ
● セメント：318/3.16＝100.6≒101 ℓ
● 細骨材：780/2.60＝300 ℓ
● 粗骨材：992/2.65＝374 ℓ
● 空気量：1000×5/100＝50 ℓ

配合表の単位量を密度で割れば容積を求めることができる。

これらを合計すると，
水＋セメント＋細骨材＋粗骨材＋空気量＝175＋101＋300＋374＋50＝1000 ℓ ＝1 m³となっている。

水 175 ℓ	セメント 101 ℓ	細骨材 300 ℓ	粗骨材 374 ℓ	空気 50 ℓ

1000 ℓ

また，水セメント比や細骨材率は以下のように計算できる。

●水セメント比＝水/セメント

$$= 175/318 \times 100 = 55 \ （\%）$$

●細骨材率＝（細骨材の容積）/（細骨材の容積＋粗骨材の容積）×100

$$= 300/（300 + 374）\times 100 = 44.5\%$$

例題

本試験では，配合に関する計算問題が1問出題される。

　下表の条件によるコンクリート配合計算において，骨材の表面水の補正を行った場合の1m³あたりの計量水量として次の値のうち，適当なものはどれか。ただしセメントの密度は3.15 g/cm³とする。

空気量 (%)	水セメント比 (%)	細骨材率 (%)	単位セメント量 (kg/m³)	細骨材			粗骨材		
				絶乾密度 (g/cm³)	吸水率 (%)	表面水率 (%)	絶乾密度 (g/cm³)	吸水率 (%)	表面水率 (%)
4.5	50	45	350	2.56	1.6	5.0	2.66	1.1	0.5

(1)　121 kg/m³　(2)　125 kg/m³　(3)　128 kg/m³　(4)　131 kg/m³

解説

　まず，求められるものを順次計算していく。

細骨材　$\underset{\text{吸水量}}{\underline{2.56 \times 1.6/100}} + 2.56 = \underset{\text{表乾密度}}{\underline{2.60 \ \text{g/cm}^3}}$

粗骨材　$\underset{\text{吸水量}}{\underline{2.66 \times 1.1/100}} + 2.66 = \underset{\text{表乾密度}}{\underline{2.69 \ \text{g/cm}^3}}$

水セメント比：単位水量/単位セメント量＝W/C＝W/350＝50/100

$$\Rightarrow \quad \text{W} = 175 \ \text{kg/m}^3$$

空気量　$1000 \times 4.5/100 = 45 \ \ell$

骨材の容積を求めるために，コンクリート1000ℓから水，空気，セメントの容積を引く。

骨材容積（細骨材と粗骨材）＝1000－（175＋45＋350/3.15）＝669ℓ

細骨材　669×45/100×2.60＝783 kg
　　　　　　細骨材率　表乾密度

粗骨材　669×55/100×2.69＝990 kg
　　　　　（1－細骨材率）表乾密度

（細骨材率が45%であるから全骨材容積のうち粗骨材の占める割合は55%）

標準配合は

単位量（kg/m³）			
水	セメント	細骨材	粗骨材
175	350	783	990

となる。

表面水量を計算すると，

783×5/100＋990×0.5/100＝44.1
細骨材の表面水　粗骨材の表面水

単位水量から

175－44.1＝130.9≒131 kg/m³（答）

2-4 配 合

（1）単位水量

コンクリート 1 m³あたりの練混ぜ水量を単位水量といいます。コンクリートの配合は所要の性能を満足する範囲内で**単位水量をできるだけ少なく**します。**単位水量を大きくすると乾燥収縮量は大きくなる。**

（2）配合強度

コンクリートの配合強度は，設計基準強度および現場におけるコンクリートの品質のばらつきを考慮して定めます。配合強度は，現場におけるコンクリートの圧縮強度の試験値が，設計基準強度を下回る確率が**5％以下**となるように定めます。

たとえば設計基準強度が24 N/mm²の時，配合強度はばらつきなどを考慮し，割増して30 N/mm²程度とします。このときの割増しの倍率を**割増し係数**という。

（3）骨 材

・粗骨材の最大寸法は，**部材最小寸法の1/5，鉄筋の最小あきの3/4およびかぶりの3/4とする。**
・粗骨材の最大寸法は，一般の場合は**20**または**25 mm**であり，断面の大きい場合**40 mm**である。
・**粗骨材の最大寸法**は，打ち込みに影響のない範囲でできるだけ**大きくする。**
・**粗骨材の最大寸法が大きいほど同一スランプを得るのに必要な単位モルタル量は少ない。**
・粗骨材の最大寸法が大きいほど同一スランプを得るのに必要な単位水量は少ない。

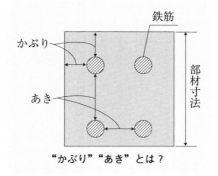

"かぶり" "あき" とは？

（4）スランプ

- 作業に適するワーカビリティが得られる範囲内で**できるだけ小さい値**を選定する。
- 一般的なコンクリートでは 5 ～12 cm である。

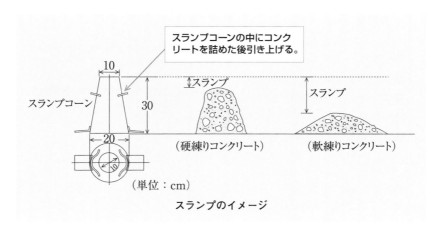

スランプのイメージ

（5）空気量

- コンクリート中の**空気量を多くする**と，耐凍害性の向上（＝凍結融解に対する抵抗性の向上）や**ワーカビリティの改善**に役立つ。
- **空気量を多くする**とコンクリートの**強度が低下**するため，空気量は**耐凍害性が得られる範囲でできるだけ小さくする**。
- **軽量コンクリートは普通コンクリートよりも空気量が大きく設定**されて

いる（耐凍害性向上のため）
・空気量が増えるとスランプは大きくなる。

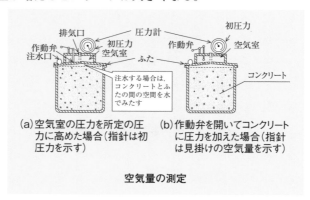

空気量の測定

（6）水セメント比

・水セメント比は，所要のワーカビリティーが得られる範囲内でできるだけ小さくする。
・水セメント比が大きくなると，
 ●強度が小さくなる
 ●ひび割れが起こりやすくなる
 ●コンクリートの水密性が低下する
 ●中性化速度は速くなる
 ●すり減り抵抗性は減少する

> 水セメント比が大きいということは，水が多いということ。つまり，セメントに多くの水を混ぜるということである。その結果，強度や密実さが低下する。

（7）細骨材率

・細骨材率は，所要のワーカビリティーが得られる範囲内で**単位水量が最小**になるように試験により定める。
・JASS5では，所要の品質が得られる範囲内で**できるだけ小さく**定めることになっている。
・細骨材率が大きくなるということは，小さい粒が増えるということであるから，骨材の表面積が大きくなるので，粘性が大きくなり，同一のスランプを得るには単位水量を増やさなくてはならない。
・細骨材率が小さくなるということは，小さい粒が減るということであるから，骨材の表面積が小さくなるので粘性が減り，同一のスランプを得

る上で単位水量を減らすことができる。

（8）単位セメント量

- 単位セメント量は単位水量と水セメント比から定める。つまり，**先に単位水量と水セメント比を決める**（水セメント比＝単位水量/単位セメント量＝W/C）。
- **単位セメント量**は所要のワーカビリティおよび強度が得られる範囲内で**できるだけ小さくする**。
- **単位セメント量を大きくすると水和熱**による**ひび割れ**が生じやすくなる。

（9）単位水量の補正

- スランプが大きくなるほど単位水量を大きくする。
  （スランプを大きくするということは，やわらかくすることなので，水を増やさなくてはならない）

  同一のスランプを得るためには以下のように単位水量を補正する必要がある。
- **川砂利を多く用いるほど単位水量を小さくする。**
  （川砂利は丸みを帯びているので流動性が良くなる。その分，水を少なくできる）
- 空気量が大きくなるほど単位水量を小さくする。
  （空気量が多くなると，流動性が良くなるのでその分，水を少なくできる）
- 細骨材率が大きくなるほど単位水量を大きくする。
  つまり，粗骨材の実績率が小さくなるほど単位水量を大きくする。
  （細骨材が多くなると，粒の小さい骨材が増えるということなので，表面積が大きくなって粘性が高まる。よって硬いコンクリートになる。だから，水を増やしてやわらかくする必要がある。
- 微粒分の多い細骨材を用いる場合，単位水量を大きくしなければならない。
- 粗粒率の小さい細骨材を用いる場合，単位水量を大きくしなければならない。
- 粗骨材の最大寸法が大きいほど単位水量を小さくする。

練習問題

【問題1】

　コンクリートの配合設計の手順を示す下記のフローにおいて，A，B，C，Dの空欄に入る次の語句の組合せのうち，適当なものはどれか。

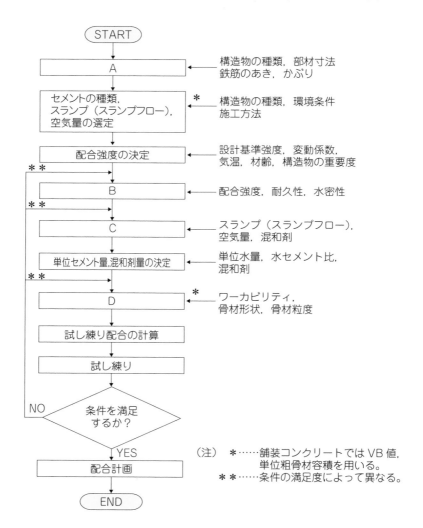

（注）　＊……舗装コンクリートでは VB 値，
　　　　　　単位粗骨材容積を用いる。
　　　　＊＊……条件の満足度によって異なる。

	A	B	C	D
(1)	水セメント比の決定	単位水量，混和剤量の決定	細・粗骨材量の決定	粗骨材の最大寸法の選定
(2)	粗骨材の最大寸法の選定	水セメント比の決定	単位水量，混和剤量の決定	細・粗骨材量の決定
(3)	細・粗骨材量の決定	粗骨材の最大寸法の選定	水セメント比の決定	単位水量，混和剤量の決定
(4)	単位水量，混和剤量の決定	細・粗骨材量の決定	粗骨材の最大寸法の選定	水セメント比の決定

【解　説】

　まず，粗骨材の最大寸法を決定する。細・粗骨材量の決定は最後である。水セメント比→単位水量→セメントの順である。

解答(2)

【問題 2 】

　配合に関する次の記述のうち，誤っているものを答えよ。

(1)　標準配合とは計画上の調合する材料配分のことである。

(2)　標準修正配合とは現場における細・粗骨材の含水状態に応じて定めた配合のことである。

(3)　標準配合における骨材は表乾状態，細骨材は 5 mm ふるいを90％以上通るもの，粗骨材は 5 mm ふるいに90％とどまるものを用いた場合としている。

(4)　標準配合の単位水量は，骨材が表乾状態にあるものとして設定している。

【解　説】

(1)　記述のとおりである。

(2)　標準修正配合では実際に加える水の量は変化する。

(3)　標準配合における骨材は表乾状態，細骨材は 5 mm ふるいを通るも

の，粗骨材は 5 mm ふるいにとどまるものを用いた場合としている。パーセンテージの規定はない。

(4) 記述のとおりである。

解答(3)

【問題 3 】

次のコンクリートの性質に関する次の記述のうち，正しいものを答えよ。

(1) フィニッシャビリティーとはコンクリートの変形・流動性の程度のことであり，スランプ試験で求める。

(2) コンシステンシーとはコンクリートの運搬，打込み，締固め，仕上げなどの作業のやりやすさのことである。

(3) ワーカビリティーとはコンクリートの仕上げやすさのことである。

(4) コンクリートに練混ぜる水を増やすと，流動性が高くなるが，入れすぎると分離抵抗性が低くなる。

解 説

(1) コンシステンシーの説明である。

(2) ワーカビリティーの説明である。

(3) フィニッシャビリティーの説明である。

(4) 記述のとおりである。水を増やすと，やわらかくなる（＝流動性が高くなる）が，水を増やしすぎると，粘りがなくなって，骨材とモルタル（セメント＋水＋砂）が分離する。

解答(4)

【問題 4 】

配合に関する次の記述のうち，正しいものを答えよ。

(1) 練混ぜ水175 kg/m³，セメント量318 kg の時，水セメント比は35％となる。

(2) セメントが320 kg/m³，水セメント比が50％の時，練混ぜ水は320 kg となる。

(3) 細骨材が300 kg，粗骨材が350 kg の時，細骨材率は46％である。

(4) 粗骨材が375ℓで細骨材率が40%の時，細骨材は250ℓである。

解　説

(1) 水セメント比＝175÷318×100＝55（%）となる。

(2) 練混ぜ水＝セメント×水セメント比/100＝320×50/100＝160 kgとなる。

(3) 細骨材率は体積で計算しなければならないので，質量だけの条件では求めることができない。

(4) 細骨材率が40%であるから，全骨材（細骨材＋粗骨材）のうちの粗骨材は60%である。したがって，全骨材量は375÷0.6＝625ℓとなる。したがって細骨材は625－375＝250ℓとなる。

解答(4)

【問題5】

標準配合が以下の条件だけわかっている。この場合の空気量として正しいものを答えよ。ただし，セメントの密度3.15 g/cm³，細骨材の表乾密度2.60 g/cm³，粗骨材の表乾密度2.65 g/cm³とする。

水セメント比（%）	空気量（%）	細骨材率 s/a（%）	単位量（kg/m³）			
			水	セメント	細骨材	粗骨材
50	不明	43	175	不明	750	不明

(1) 3.4%

(2) 4.0%

(3) 4.4%

(4) 5.4%

[解 説]

　コンクリートは水，セメント，細骨材，粗骨材，空気からできている。
コンクリート 1 m³中＝1000 ℓ　（リットル）中のそれぞれの容積を求めてみる。

　ここで，1000 cm³＝1 ℓ　であるから，

　セメントの密度3.15 g/cm³，細骨材の表乾密度2.60 g/cm³，粗骨材の表乾
密度2.65 g/cm³はそれぞれ，セメントの密度3.15 kg/ℓ，細骨材の表乾密度
2.60 kg/ℓ，粗骨材の表乾密度2.65 kg/ℓ となる。

・水の体積：175/1＝175 ℓ
・セメントの体積：水/水セメント比＝175/0.5＝350 kg

　　　　　　350 kg/3.15 kg/ℓ＝111 ℓ　　　配合表の単位量を密度で割れ
　　　　　　　　　　　　　　　　　　　　ば容積を求めることができる。
・細骨材の体積：750/2.60＝288 ℓ
・粗骨材体積：総骨材の体積＝細骨材の体積/細骨材率＝288/0.43＝670 ℓ
　　　　　　粗骨材の体積＝670－288＝382 ℓ
・空気量：1000 ℓ－（水＋セメント＋細骨材＋粗骨材）
　　　　　＝1000－（175＋111＋288＋382）＝44 ℓ
パーセンテージにすると，44/1000×100＝4.4％となる。

　これらを合計すると水，セメント，細骨材，粗骨材，空気量の内訳は下図
のとおりである。

水	セメント	細骨材	粗骨材	空気
175 ℓ	111 ℓ	288 ℓ	382 ℓ	44 ℓ

1000 ℓ ＝ 1 m³

解答(3)

下表の条件によるコンクリート配合計算において骨材の表面水の補正を行った場合の1m³あたりの計量水量として次の値のうち，適当なものはどれか。ただしセメントの密度は3.15 g/cm³とする。

空気量 (%)	水セメント比 (%)	細骨材率 (%)	単位セメント量 (kg/m³)	細骨材			粗骨材		
				絶乾密度 (g/cm³)	吸水率 (%)	表面水率 (%)	絶乾密度 (g/cm³)	吸水率 (%)	表面水率 (%)
4.5	55	44	330	2.50	1.0	3.0	2.60	1.5	2.0

(1)　120 kg/m³　　(2)　130 kg/m³　　(3)　140 kg/m³　　(4)　150 kg/m³

解　説

まず，求められるものを順次計算していく。

細骨材　$2.50 \times 1.0/100 + 2.50 = 2.53$ g/cm³
　　　　　吸水量　　　　　　表乾密度

粗骨材　$2.60 \times 1.5/100 + 2.60 = 2.64$ g/cm³
　　　　　吸水量　　　　　　表乾密度

水セメント比：単位水量/単位セメント量 $= W/C = W/330 = 55/100$
　　　　　　$\Rightarrow$　$W = 182$ kg/m³

空気量　$1000 \times 4.5/100 = 45\,\ell$

骨材の容積を求めるために，コンクリート$1000\,\ell$から水，空気，セメントの容積を引く。

骨材容積（細骨材と粗骨材）$= 1000 - (182 + 45 + 330/3.15) = 668\,\ell$

細骨材　$668 \times 44/100 \times 2.53 = 744$ kg
　　　　　　　　細骨材率　表乾密度

粗骨材　$668 \times 56/100 \times 2.64 = 988$ kg
　　　　　（1−細骨材率）表乾密度

標準配合は

単位量 (kg/m³)			
水	セメント	細骨材	粗骨材
182	330	744	988

となる。

表面水量を計算すると，

$$\underset{\text{細骨材の表面水}}{\underline{744 \times 3/100}} + \underset{\text{粗骨材の表面水}}{\underline{988 \times 2/100}} = 42.08$$

単位水量から

$$182 - 42 = 140 \text{ kg/m}^3$$

よって正解は，(3)の140 kg/m³。

解答(3)

【問題7】

配合に関する次の記述のうち，誤っているものを答えよ。

(1) 単位水量はコンクリートの所要の性能を満足する範囲内でできるだけ少なくする。

(2) 高性能 AE 減水剤を用いる場合は単位水量を175 kg/m³以下とする。

(3) コンクリートの配合強度は現場におけるコンクリートの圧縮強度の試験値が設計基準強度を下回る確率が5％以下となるように定める。

(4) 設計基準強度が24 N/mm²の時，配合強度は，ばらつきなどを考慮し20 N/mm²程度に設定することが多い。

解 説

(1)～(3) 記述のとおりである。

(4) 配合強度は，設計基準強度を下回らないように割り増さなければならない。

解答(4)

【問題8】

配合に関する次の記述のうち，誤っているものを答えよ。

(1) 粗骨材の最大寸法は部材最小寸法の1/5，鉄筋の最小あきの3/4およびかぶりの3/4とする。

(2) 粗骨材の最大寸法は一般の場合は20または25 mm であり，断面の大きい場合は80 mm である。

(3) 粗骨材の最大寸法が大きいほど，同一スランプを得るのに必要な単位水量は少ない。

(4) スランプはワーカビリティーが得られる範囲内で，できるだけ小さくする。

解　説

(1) 記述のとおりである。粗骨材の最大寸法が大きくなると，鉄筋にひっかかってコンクリートの分離が生じる。

(2) 断面の大きい場合は40 mm である。

(3) 記述のとおりである。

(4) 記述のとおりである。スランプが小さいということは，単位水量が小さいのでコンクリートの品質上有利である。ただし，単位水量を小さくしすぎると，流動性が失われ，ワーカビリティが悪くなる。

解答(2)

【問題9】

配合に関する次の記述のうち，誤っているものを答えよ。

(1) 空気量は 4 ～ 7 ％を標準とする。

(2) 空気量が増えるとスランプは大きくなる。

(3) 水セメント比は原則として60％以下とする。

(4) 単位水量は所要のワーカビリティが得られる範囲内でできるだけ小さくする。

(1)　一般的なコンクリートでは空気量は 4 ～ 7 ％を標準としている。

(2)　微細な空気泡が増えるとコンクリートが軟らかくなり，すなわちスランプが大きくなる。

(3)　一般的なコンクリートでは水セメント比は原則として65％以下とする。

(4)　記述のとおりである。

解答(3)

【問題10】

　配合に関する次の記述のうち，誤っているものを答えよ。

(1)　水密性を要求されるコンクリートの水セメント比は最大で55％とする。

(2)　水セメント比が大きくなると強度が小さくなる。

(3)　水セメント比が大きくなるとひび割れが起こりやすくなる。

(4)　水セメント比が大きくなるほど耐久性の高いコンクリートとなる。

解　説

(1)　記述のとおりである。

(2)　水セメント比が大きいということは，単位水量の割合が大きいので強度は小さくなる。「水が多いと弱くなる」という単純な理解をしておけばよい。

(3)　水セメント比が大きいということは，単位水量が多いので，その分，蒸発する水分も多くなり，ひび割れにつながりやすい。

(4)　水セメント比が大きいと強度が小さくなり，耐久性も低くなる。

解答(4)

【問題11】

　単位水量の補正に関する次の記述のうち，誤っているものを答えよ。

(1)　川砂利を多く用いるほど単位水量を小さくする。

(2)　空気量が大きくなるほど単位水量を小さくする。

(3) 細骨材率が大きくなるほど単位水量を大きくする。

(4) スランプが大きくなるほど単位水量を小さくする。

解 説

(1) 川砂利は丸みを帯びているので流動性が良くなり水を少なくできる。

(2) 空気量が多くなると，流動性が良くなるのでその分，水を少なくできる。

(3) 細骨材が多くなると，粒の小さい骨材が増えるということなので，表面積が大きくなって粘性が高まり硬いコンクリートになる。だから，水を増やしてやわらかくする必要がある。

(4) スランプを大きくするということは，やわらかくすることなので，水を増やさなくてはならない。よって誤っている。

解答(**4**)

【問題12】

コンクリートの配合設計に関する記述のうち，適当でないものはどれか。

(1) 高炉セメントB種，C種の使用は，アルカリ骨材反応の抑制対策の一つになる。

(2) 粒度の良い骨材を用いると，コンクリートに必要な単位水量を少なくすることができ，一般に良質なコンクリートを経済的につくることができる。

(3) コンクリートの示方配合の単位水量は，骨材が絶乾状態にあるものとして設定する。

(4) 細骨材率を小さくするほど経済的なコンクリートが得られるが，過度に小さくするとコンクリートが荒々しくなり，ワーカビリティを損なうようになる。

解 説

(1)(2)(4) 記述のとおりである。

(3) 示方配合の単位水量は，骨材が表乾状態（表面乾燥飽水状態）にあるものとして計算する。

解答(**3**)

第 3 章

フレッシュコンクリート

　フレッシュコンクリートとは「まだ固まらない状態のコンクリート」のことです。本章では，コンシステンシー，材料分離，空気量，凝結について学びます。

3-1 コンシステンシー等

（1）ワーカビリティ

　運搬，打ち込み，締固め，仕上げなどの**作業のしやすさ**のことです。単位水量を大きくしたり，粗骨材の最大寸法を大きくしたりすると流動性が大きくなりますが，材料分離の傾向も大きくなります。**流動性とは，流れやすさ**のことで，コンクリートが鉄筋と鉄筋の隙間や型枠の狭い場所に入り込んでいく能力がどの程度あるかということの目安になります。また，材料分離とは，コンクリート中のモルタル分と骨材がバラバラになることです。これはコンクリート自体が不均一となり，よくありません。

（2）コンシステンシー

　変形や流動に対する抵抗性のことです。

　ここでいう抵抗性とは，粘り強さのことです。コンクリートには流動性と抵抗性の両方が必要で，どちらかが大きくなると，バラバラだったり，ごわごわしたものになります。

　コンシステンシーの測定は，スランプ試験などで行います。下図はスランプ試験を表したものです。

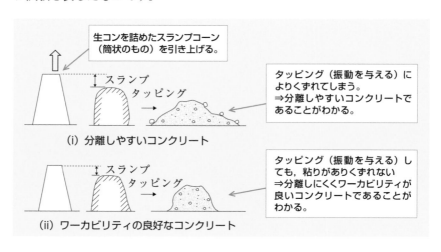

　（i）分離しやすいコンクリート

　（ii）ワーカビリティの良好なコンクリート

（3）スランプ

1）スランプ試験

・試料の詰め方：ほぼ**等しい量**で3層に分けて詰める。（「等しい高さ」ではないことに注意）

・突き棒で試料を突きながら詰める。突き数は25回（**材料分離のおそれのあるときは，回数を減らす**）。

・突き入れは，その前層にほぼ達する程度

・スランプの引き上げ時間は2～3秒とする。

・スランプの計測は，コンクリート**中央部**において下がりを測る。

・引き上げ後，形が不均衡になった場合は，再試験を行う。

・スランプは**0.5cm 単位まで測定**する。例えば下がりが12.3cm の場合，スランプは12.5cm とする。

・スランプが5cm に満たない硬練りのコンクリートでは，前記のようなスランプ試験ではなく，**振動台式コンシステンシー試験**を行う。

・スランプフロー試験は，スランプコーンを抜いて広がったものの**最大直径とその直角方向の直径**を用いて<u>スランプフロー値</u>とする。65×68（cm）のように表現する。

第7章の高流動コンクリートの項を参照。

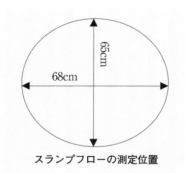

スランプフローの測定位置

2）スランプ

・コンクリート温度が高いと，時間の経過にともなうスランプの低下は大きくなる。

・コンクリート温度が低いと**スランプは小さくなる**。

・スランプが大きいほどフレッシュコンクリートは**分離しやすくなる**。

（4）その他

　・プラスティシティー：材料分離の抵抗性。

　・フィニッシャビリティー：表面仕上げのやりやすさ。

　・ポンパビリティー：コンクリートの圧送（コンクリートポンプ車でコンクリートを打設する際，配管内にコンクリートを送り込むこと）のやりやすさのことです。

　・ポンパビリティーには，

　　①管壁でコンクリートが滑動するための**流動性**
　　②管内のコンクリートが形状変化できる**変形性**
　　③圧力の時間的，位置的変動に耐える**分離抵抗性**

　の３つの性能が求められる。

3-2 材料分離

（1）材料分離

コンクリートはセメント，水，細骨材，粗骨材，混和材料が均一に混合されていることが必要ですが，それが部分的に分離してしまうことがあり，それを材料分離といいます。

① 粗骨材が局部に集中（コンクリート打設中に起こる）

〈影響因子〉

・コンクリートを**高所から落下**させると衝撃で分離が生じやすい。

・**過剰な振動締固め**により分離が生じやすい。

・**単位水量が多い**と分離が生じやすい。

② 水分が上に浮いてくるブリーディング（打設後生じる）

〈影響因子〉

・セメントの**比表面積（粉末度）が大きい**とブリーディングは**少なく**なる。

・**水セメント比が大きければ**ブリーディングは**多く**なる。

・**細骨材率が大きければ**ブリーディングは**少なく**なる。つまり**細骨材率が大きければ分離しにくく**なる。

・**空気量が大きければ**ブリーディングは**少なく**なる。

・**コンクリート温度が低ければ**ブリーディングは**多く**なる。凝結に時間がかかるため，水が浮いてくる。

細かい材料ほど比表面積が大きくなります。そうすると水がたくさん保有できる（水をつかまえておける）ので，分離する水分が少なくなります。つまりブリーディングが少なくなります。

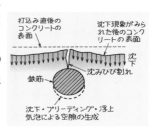

打込み直後の
コンクリートの
表面

沈下現象がみられた後のコンクリートの表面

沈下

沈みひび割れ

鉄筋

沈下・ブリーディング・浮上
気泡による空隙の生成

・コンクリート**打設速度が速く**，また，**1回の打込み高さが高い場合**にブリーディングが生じやすい。

（2）ブリーディングによるひび割れ

・ブリーディングによりコンクリートが沈下する時，**水平方向**の鉄筋があると，鉄筋上にひび割れが発生する。
・ブリーディングにより，鉄筋や粗骨材の下部には**微細な空隙**が生じる。これが水みちや強度低下の原因となる。

（3）粗骨材とモルタルの分離が生じやすいケース

・粗骨材の最大寸法を大きくした場合
・細骨材率を小さくした場合
・細骨材中の粗粒分の割合を大きくした場合
・水セメント比を大きくした場合
・スランプを大きくした場合

3-3 空気量

① 語句

エントレインドエア：**AE剤**によりコンクリート中に発生させた微細な空
気泡のこと。

エントラップトエア：コンクリート練混ぜの際に巻き込んでコンクリート
中に取り込まれる空気泡。

AEコンクリート：AE剤を使用してエントレインドエアを含んだコンク
リートのこと。

気泡間隔係数：コンクリート中の空気泡の平均間隔のこと。

AEコンクリートで**150〜200 μm（0.15〜0.2 mm）**。

空気泡自体の大きさは直径が**数10〜100 μm**程度。

② エントレインドエアの働き

・**ボールベアリング効果**によりワーカビリティの改善に有効。

・水分の保有能力があるので分離が少なくなり，**ブリーディングも減少す**
る。

・エントレインドエアは**耐凍害性を向上**させる。コンクリート内の微細空
隙中にある水分が凍結する際，膨張しひび割れの原因になる。しかし空
気泡があるとクッションとしての働きがあるため，膨張によるひび割れ
を緩和することができる。

③ 空気量の大小の要因等

・空気量が増えればスランプは大きくなる。

　●空気量が1％増えるとスランプは約**2.5 cm 増加**する。

・空気量が増えれば強度は低下する。

・セメントの比表面積（＝粉末度）が大きいと，また単位セメント量が大
きいと空気量が減少する。AE剤がセメントに吸着してしまい，効果が
出なくなるからです。

・細骨材率が大きくなると空気量は増す。細骨材の方が粗骨材よりも空気

連行性が高いからである。

・**細骨材中の0.15mm 以下の微粒分量が多くなると，空気は連行されにく**
くなる。

・**細骨材中の0.3～0.6mm の粒の割合が多くなると，空気は連行されにく**
くなる。

・コンクリート温度が高くなると空気量は減少する。

　（温度が高いと空気泡がはじけて減少する，と覚えて下さい）

・コンクリートの運搬、締固めで1/4～1/6程度空気量が減少する。

・回収水中の**スラッジ固形分が多くなると空気が連行されにくくなる。**

・フライアッシュの**未燃炭素が多くなる（＝強熱減量が大きくなる）と空**
気が連行されにくくなる。

　（未燃炭素に AE 剤が吸着してしまうため）

・コンクリートをトラックアジテータで**長時間撹拌すると空気量は減少す**
る。（撹拌によって、空気が抜けてしまうため）

3-4 凝　結

　凝結とは，簡単に言うとコンクリートが硬化することです。硬化が始まると，打継ぎ目が一体化されなかったり，打込みそのものが困難になったりしますので混和剤などを利用して，凝結し始める時間をコントロールすることが重要になります。

①　語　句

　凝結の始発：セメントと水が接触した時から貫入抵抗が3.5 N/mm²になる
　　　　　　　までの時間

　凝結の終結：セメントと水が接触した時から貫入抵抗が28 N/mm²になる
　　　　　　　までの時間

　　凝結の開始を3.5 N/mm²，終結を28 N/mm²で定義している。

②　試験方法

針を2.5 cm 貫入した時の抵抗（強度）

●プロクター貫入抵抗試験

・試験に用いる**試料はモルタル**である。

・凝結の始発，終結は**4種類**（断面積：100，50，25，12.5 mm²）の針で調べる。

・貫入抵抗の値（N/mm²）で評価する。

●その他の試験方法

　ビガー針を使用した試験

③　混和剤との関係

ポイント：生コンは気温が高い夏はすぐに固まってしまう。硬化を遅らせる遅延形が用いられる。

・高性能 AE 減水剤を添加すると AE 減水剤の場合より凝結が遅くなる。

・各種減水剤には**遅延形**，**標準形**，**促進形**がある。遅延形は凝結を遅らせるタイプであり，**夏場**のコンクリートに用いられる。一方，**促進形**は凝結を早めるタイプであり，**冬場**のコンクリートに用いられる。

- ・水セメント比，スランプが小さいほど凝結は早くなる。
- ・気温，コンクリート温度が高いと凝結は早まる（夏場など）。
- ・骨材や練混ぜ水に含まれる**塩分**は凝結を早め，**糖類や腐植土**は遅らせる。
- ・**塩化物イオン**が含まれていると**凝結は早くなる**。
- ・**糖類**や腐食土などの有機物が含まれていると**凝結は遅くなる**。
- ・凝結がある程度進行しているコンクリートにコンクリートを打ち足すと，コールドジョイントが発生する。この場合，下層のコンクリートが流動性を保っている状態であれば再振動締固めを行うことにより，一体化が可能である。その際，バイブレーターは下層のコンクリートに10cm程度差し込むようにする。
- ・コールドジョイントを防止するには，**凝結の始発時間よりも相当早い時期**に打ち重ねる必要がある。
- ・コンクリート打設時の締固めに際し，再振動が有効なのは，**凝結の始発（貫入抵抗が3.5 N/mm²）** までであり，それ以降では固まり始めているので効果がない。

練習問題

【問題１】

フレッシュコンクリートに関する次の記述のうち，正しいものを答えよ。

(1) コンシステンシーとは運搬，打ち込み，締固め，仕上げなどの作業のしやすさのことである。

(2) フィニッシャビリティーとは変形や流動に対する抵抗性のことである。

(3) プラスティシティーは材料分離の抵抗性のことである。

(4) ワーカビリティーとは表面仕上げのやりやすさのことである。

解　説

(1)　これはワーカビリティーの説明である。

(2)　これはコンシステンシーの説明である。

(3)　記述のとおりである。

(4)　フィニッシャビリティーの説明である。

解答(3)

【問題2】

フレッシュコンクリートに関する次の記述のうち，正しいものを答えよ。

(1)　良質なコンクリートを製造するには，単位水量を大きくしたり，粗骨材の最大寸法を大きくしたりして，流動性を大きくして，できるだけ材料分離しやすいものとしなければならない。

(2)　スランプフロー試験により，コンクリートの硬化した時の強度が予測できる。

(3)　スランプ試験とスランプフロー試験では，試験で用いるスランプコーンが異なる。

(4)　スランプフロー試験はスランプコーンを抜いて広がったものの直径最大とその直角方向の直径を用いてスランプフロー値とする。65×68（cm）のように表現する。

解　説

(1)　単位水量を減らしたほうがコンクリートの強度は高まる。また，粗骨材の最大寸法が大きくなると流動性は高まるが，流動性が大きくなりすぎると分離しやすくなるので，不均一となるのでよくない。コンクリートは分離しない均一な性質でなければならない。

(2)　スランプフロー試験ではコンシステンシー（流動性，変形抵抗性）を調べるものである。強度は予測できない。

(3)　スランプ試験とスランプフロー試験では，試験で用いるスランプコーンは同じものである。

(4)　正しい記述である。

解答(4)

【問題3】

　フレッシュコンクリートの材料分離に関する次の記述のうち，正しいものを答えよ。

　(1)　コンクリートはできるだけ分離しないような配合，打設計画が必要である。

　(2)　コンクリートを高所から落下させると分離の生じない密実なコンクリートとなる。

　(3)　コンクリートの振動締固めは可能な限り長時間継続することにより分離がなくなる。

　(4)　コンクリートの単位水量はできるだけ多くしたほうが分離が生じにくい。

解　説

　(1)　記述のとおりである。

　(2)　コンクリートを高所から落下させると分離が生じやすくなる。

　(3)　コンクリートの振動締固めを長時間継続すると分離につながる。

　(4)　コンクリートの単位水量が多くなると分離が生じやすい。

解答(1)

【問題4】

　フレッシュコンクリートの材料分離に関する次の記述のうち，誤っているものを答えよ。

　(1)　材料分離とは粗骨材が局部に集中したり，水分が上に浮いてくるものである。

　(2)　ブリーディングとはコンクリートのセメントや骨材が沈降し，水分が上に浮いてくる現象である。

　(3)　ブリーディングが原因で，しばしば鉛直方向の鉄筋上にひび割れが生じる。

　(4)　ブリーディングにより，鉄筋や粗骨材の下部には微細な空隙が生じ，水みちになったり，強度低下の原因となったりする。

解　説

(1)　正しい記述である。

(2)　正しい記述である。浮いてきた水分は取り除かなくてはならない。

(3)　ブリーディングが生じるひび割れは水平方向の鉄筋上である。鉛直方向の鉄筋は「かぶり」が小さい場合に生じやすい。

(4)　正しい記述である。

解答(3)

【問題5】

　フレッシュコンクリートの材料分離に関する次の記述のうち，誤っているものを答えよ。

(1)　セメントの比表面積（粉末度）が小さければブリーディングは少なくなる。

(2)　細骨材率が大きければブリーディングは少なくなる。

(3)　空気量が大きければブリーディングは少なくなる。

(4)　コンクリート温度が低ければブリーディングは多くなる。

解　説

(1)　セメントの比表面積が小さければ，水分が吸着できる面積が小さくなるので，浮遊する水分が多くなる。すなわちブリーディングは多くなる。

(2)　細骨材率が大きいということは，砂分が多いということである。したがって，水分が吸着できる面積が大きくなるので分離しにくくなる。

(3)　空気量が大きければ保有できる水分が多くなるので，ブリーディングは少なくなる。

(4)　コンクリート温度が低い場合，凝結に時間がかかるため，その間に水が浮いてくる。

解答(1)

練習問題

【問題6】

　フレッシュコンクリートの空気量に関する次の記述のうち，誤っているも

のを答えよ。

(1) エントレインドエアとは AE 剤によりコンクリート中に発生させた微細な空気泡のことである。

(2) エントラップトエアとはコンクリート練混ぜの際に巻き込んでコンクリート中に取り込まれる空気泡である。

(3) 気泡間隔係数とはコンクリート中の空気泡の平均間隔のことである。

(4) AE コンクリートの空気泡の直径は150〜200μm（0.15〜0.2 mm）程度である。

解　説

(1)(2)(3)　記述のとおりである。

(4)　AE コンクリートの空気泡の直径は数10〜100μm 程度であり，気泡間隔係数が150〜200μm（0.15〜0.2 mm）である。

解答(4)

【問題7】

フレッシュコンクリートに関する次の記述のうち，誤っているものを答えよ。

(1) エントレインドエアはボールベアリング効果によりワーカビリティの改善に有効である。

(2) エントレインドエアは水分の保有能力があるので分離が少なくなり，ブリーディングも減少する。

(3) エントレインドエアは耐凍害性を低下させる。

(4) 空気量が増えればスランプは大きくなる。

解　説

(1)(2)(4)　記述のとおりである。

(3)　エントレインドエアは耐凍害性を向上させる。コンクリート内の微細空隙中にある水分が凍結する際，膨張してひび割れの原因になるが空気泡があるとクッションとしての働きがあるため，膨張によるひび割れを緩和することができる。

解答(3)

【問題 8 】

フレッシュコンクリートの材料分離に関する次の記述のうち，誤っている
ものを答えよ。

(1) 空気量が増えれば強度は低下する。

(2) セメントの粉末度が大きいと空気量が減少する。

(3) 細骨材率が大きくなると空気量が増す。

(4) コンクリートの運搬，締固めで空気量はほとんど減少しない。

解　説

(1) 空気量が増えると空隙が多くなるので，強度が小さくなる。

(2) AE 剤がセメントに吸着してしまい，効果が出なくなり，空気泡の発
生が少なくなる。

(3) 細骨材の方が粗骨材よりも空気連行性が高いからである。

(4) コンクリートの運搬，締固めで1/4～1/6程度空気量が減少する。

解答(4)

【問題 9 】

フレッシュコンクリートの凝結に関する次の記述のうち，正しいものを答
えよ。

(1) 凝結の始発はセメントと水が接触した時から貫入抵抗が2.5 N/mm²に
なるまでの時間で表す。

(2) 凝結の終結はセメントと水が接触した時から貫入抵抗が24 N/mm²に
なるまでの時間で表す。

(3) 試験に用いる試料はモルタルである。

(4) 凝結の始発，終結は 5 種類（断面積：200，100，50，25，12.5 mm²）
の針で調べる。

解　説

(1) 凝結の始発はセメントと水が接触した時から貫入抵抗が3.5 N/mm²に

なるまでの時間で表す。

(2) 凝結の終結はセメントと水が接触した時から貫入抵抗が28 N/mm²になるまでの時間で表す。

(3) 記述のとおりである。

(4) 凝結の始発, 終結は 4 種類 (断面積：100, 50, 25, 12.5 mm²) の針で調べる。

解答(3)

【問題10】

　フレッシュコンクリートの材料分離に関する次の記述のうち, 正しいものを答えよ。

(1) 高性能 AE 減水剤を添加すると, AE 減水剤の場合より凝結が早くなる。

(2) 遅延形は凝結を遅らせるタイプであり, 冬場のコンクリートに用いられる。

(3) 骨材や練混ぜ水に含まれる塩分は凝結を早め, 糖類や腐植土は遅らせる。

(4) コンクリート打設時の再振動締固めはできるだけ凝結の終結時まで継続することが望ましい。

解　説

(1) 高性能 AE 減水剤は AE 減水剤より凝結が遅くなる。したがって硬化が早い夏場や流動性を長く保ちたい場合などに有効である。

(2) 遅延形は凝結を遅らせるタイプであり, 夏場のコンクリートに用いられる。

(3) 記述のとおりである。

(4) コンクリート打設時の締固めに際し, 再振動が有効なのは, 凝結の始発 (貫入抵抗が3.5 N/mm²) までであり, それ以降では固まり始めているので効果がない。

解答(3)

第 4 章

硬化コンクリート

　硬化したコンクリートの強度，変形特性などについて学びます。応力ひずみ関係，クリープ，供試体の形状と圧縮強度の関係などが重要です。

4-1 力学的性質

（1）強度

① 強度性状

　コンクリートの強度には圧縮，引張り，曲げ，せん断，支圧などの強度がありますが，コンクリートの強度といえば一般的に圧縮強度を示します。コンクリートの特徴としては**圧縮強度が引張強度よりも大きい**ことが挙げられます。

② コンクリート強度に影響を及ぼすもの

〈配合などに関するもの〉

- ・粗骨材に**砕石**を用いると，**川砂利**を用いた場合よりも圧縮強度は**大きく**なる。川砂利は丸みを帯びているのでかみ合いが弱い。モルタルとの付着強度が砕石に比べると弱い。
- ・**水セメント比（W/C）が大きくなると強度は低下**する。
- ・水セメント比（W/C）が一定の場合，**空気量1％の増加によって圧縮強度は4〜6％低下**する。
- ・単位水量が大きくなると，強度は低下する。
- ・**粗骨材寸法が大きくなると内部欠陥ができやすく強度は小さくなる。**（水セメント比は一定とした場合）

〈圧縮強度試験に関する強度特性〉

- ・円柱供試体（強度試験のテストピース）の大きさ，形状が同じ（相似形）場合は，**小さいほど試験結果は大きい**（小さいほうが，内部欠陥ができにくい）。例えば，H＝20 cm，D＝10 cm の供試体よりも，H＝40 cm，D＝20 cm の供試体のほうが圧縮強度が小さい。
- ・H/D が小さいほど**試験値は大きい**。簡単にいうと背の低い供試体ほど試験値が大きい。

円柱供試体

- **乾燥**しているほうが，湿潤状態よりも**試験値は大きくなる**（乾かしたほうが硬い）。
- 試験時のコンクリート**温度が低いほど試験値は大きくなる**（冷たいほうが硬い）。
- **載荷速度が速いほど，試験値は大きくなる。**

※ JIS では「供試体の大きさは直径の 2 倍の高さをもつ円柱形とし，直径は粗骨材の最大寸法の 3 倍以上かつ10 cm 以上とすると規定されている。

※ JIS では圧縮強度の算出式として以下を示している。

$$f_c = \frac{P}{\pi \, (d/2)^2}$$

f_c：圧縮強度 （N/mm²）

P：最大荷重 （N）

d：供試体の直径 （mm）

③ 圧縮強度と他の特性値との関係

- 圧縮強度が大きくなると，**ヤング係数（弾性係数）は大きくなる**が，ポアソン比はあまり変化しない。

※**ポアソン比：横ひずみと縦ひずみの比**
ポアソン比 $\mu = |\, \varepsilon_l / \varepsilon_t\,| = (1/5 \sim 1/7 程度)$
ポアソン数：縦ひずみと横ひずみの比
ポアソン数 $m = |\, \varepsilon_l / \varepsilon_t\,| = (5 \sim 7 程度)$

圧縮すると
横にひずむ

圧縮時の変形

- 載荷する応力が同じなら，圧縮強度が大きいほうがクリープは小さくなる。
- 曲げ強度は圧縮強度の**1/5〜1/8**程度。
- 引張強度は圧縮強度の**1/10〜1/13**程度。圧縮強度が高強度になるほどその比（引張強度／圧縮強度）は小さくなる。
- 圧縮強度が同じ場合，軽量コンクリートは普通コンクリートよりヤング係数は小さくなる。
- 水平鉄筋の下部は**空洞ができやすい**ので，コンクリートと鉄筋の付着強度が小さくなることがある。
- 圧縮強度が高くなると鉄筋との付着強度は高くなる。

・鉄筋コンクリートの壁体から採取したコンクリートの圧縮強度は壁体の**上部よりも下部のほうが大きくなる**。下部の方が自重でより密実なコンクリートになりやすい。
・常圧で**蒸気養生**を行った場合は標準養生よりも**長期強度が小さくなる**。
・練り上がり温度が高いほど，セメントの初期水和反応が促進され，若材齢の圧縮強度は大きくなるが，長期材齢における強度の伸びは小さくなる。
・ある応力で繰り返し荷重をかけるとコンクリートは破壊に至る。それを**疲労破壊**という。コンクリートの場合，小さい繰り返し荷重でも破壊にいたる。一方，金属の場合は繰り返し応力を小さくすれば無限に破壊しない疲労限度というのが存在する。
・例えばある応力で繰返し載荷すると，**200万回で破壊にいたる場合**，その繰返し応力のことを**200万回疲労強度**という。

（2）弾性・塑性

　コンクリートはある力までは弾性を示し，ある力を超えると塑性になります。これはどんな物質でも同じです。

　弾性：力を加えて変形させたあと，力を除去すると元に戻る性質（ゴムボールの性質）

　塑性：力を加えて変形させたあと，力を除去しても変形が残る性質（折れ曲がったスプーンの性質）

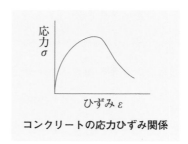

コンクリートの応力ひずみ関係

　弾　性　係　数：応力ひずみ曲線の傾き。繰返し応力を受けるとひび割れが発生して弾性係数は小さくなる。つまり小さい応力で，当初と同じひずみを生じさせることができるようになる。

　割線弾性係数：応力ひずみ曲線の2点を結んだ傾き。

　接線弾性係数：応力ひずみ曲線の1点における接線の傾き。応力が大きく

なるほど傾きが倒れてくるので小さくなる。

ヤング係数：応力ひずみ曲線の**弾性領域**（荷重を除去したら元にもどる範囲：応力が小さい範囲）**における2点を結んだ直線の傾き**

　静的載荷によって得られた応力―ひずみ曲線から求めた弾性係数を静弾性係数といい，初期接線弾性係数，割線弾性係数，接線弾性係数の3種類がある。**圧縮強度の大きいコンクリートは静弾性係数も大きい。**

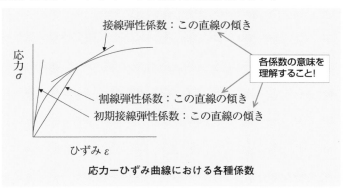

応力―ひずみ曲線における各種係数

・単位容積質量の大きいコンクリートはヤング係数も大きい（簡単にいうと，密度の大きいコンクリートは硬い，ということ）。
・圧縮強度の大きいコンクリートはヤング係数も大きい。

（3）クリープ

　クリープとは力が作用しているもとで変形，ひずみが**時間とともに増大する現象**をいいます。クリープひずみは圧縮応力，引張応力のいずれでも発生します。

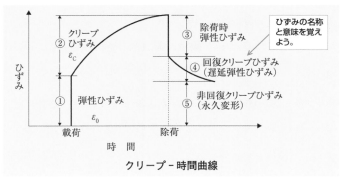

クリープ - 時間曲線

〈図の説明〉

①**弾性ひずみ**：コンクリートに載荷（荷重を加えること）した瞬間に生じるひずみである。

②**クリープひずみ**：荷重加えたまま時間の経過とともに生じるひずみである。

③除荷時ひずみ：荷重を取り除いた瞬間にひずみが減少する。その減少分のひずみである。

④回復クリープひずみ：荷重を取り除いた後，時間の経過とともに，さらに
　（遅延弾性ひずみ）　　　に減少するひずみである。

⑤非回復クリープひずみ：除荷後，時間が経過しても，載荷前の状態までには
　（永久変形）　　　　　戻らず，ひずみが残る。このひずみのことである。

・載荷応力が大きいほどクリープひずみは大きい。

・クリープひずみは載荷応力に**ほぼ比例**する。

・しかし，載荷応力がコンクリート強度の**75～85％**を超えてくるとクリープ現象のあと，破壊がみられる。

・長期間の載荷後はクリープひずみは弾性ひずみより大きくなる。

・乾燥した環境のほうがクリープひずみは大きくなる。

・**圧縮強度が大きいコンクリート**ほど同一応力における**クリープひずみは小さくなる。**

・**水セメント比が大きいほどクリープひずみは大きくなる。**水セメント比が大きいということは，圧縮強度が小さくなる。したがって変形しやすい。

・載荷時の材齢が若いほどクリープひずみは大きくなる。若い材齢では圧縮強度が小さいので変形しやすい。

・クリープ限度とは**クリープ破壊が起きる下限の応力**のことである。クリープ限度以上の応力をかけると，破壊にいたり，それ以下であれば，クリープひずみは時間経過後に収束する。

・クリープひずみの弾性ひずみに対する比率を**クリープ係数**と呼ぶ。クリープ係数＝クリープひずみ/弾性ひずみ＝$\varepsilon_c/\varepsilon_0$である。

（4）体積変化

① 乾燥収縮

・モルタルやコンクリートは吸水により膨張し，乾燥すれば収縮する。
・乾燥収縮は**単位セメント量や単位水量が多いほど大きくなる**。
・乾燥収縮は**骨材の弾性係数が大きく硬質の場合，小さくなる**。
・**セメントの比表面積が大きいほど，乾燥収縮量は大きい**。
・粗骨材はセメントペーストの収縮を拘束するはたらきがあるので，**単位粗骨材量が多くなるほど，乾燥収縮は小さくなる**。
・乾燥収縮は表面から水分が逸散して生じている。そのため**コンクリートの表面積が小さいほど乾燥収縮は小さくなる**。

② 自己収縮

　コンクリートの自己収縮とは，水和反応の過程で，乾燥などによる水分の蒸発がない状態で生じる収縮のことをいう。
・**自己収縮はセメント量が多いほど大きくなる**。（このことをしっかり覚えておくこと）
・**自己収縮は水セメント比が小さいほど大きくなる**。（水セメント比が小さいということは水の量に対してセメント量が多いということ。）
・高強度コンクリート，高流動コンクリート，マスコンクリートは通常のコンクリートよりもセメント量が多いので，自己収縮が大きくなる。

③ 温度変化による体積変化

・**コンクリートの熱膨張係数（線膨張係数）は水セメント比，材齢による影響は小さい**。
・**コンクリートの熱膨張係数（線膨張係数）は骨材の岩質によって変化する**。
　石英岩，砂岩，花崗岩，玄武岩，石灰岩の順に小さくなる。
※熱膨張係数（線膨張係数）とは温度上昇によって長さ，体積が膨張する割合のことをいう。
　コンクリートと鉄筋の熱膨張係数（線膨張係数）はほぼ同じである。

a）沈下ひび割れ

- ・コンクリートの鉄筋の周りのコンクリートが沈下し，**水平鉄筋上部**に，鉄筋に沿ってひび割れが発生する場合がある。これを沈下ひび割れという。
- ・水セメント比が大きいと**ブリーディングが大きくなる**ため，沈下ひび割れも起こりやすくなる。

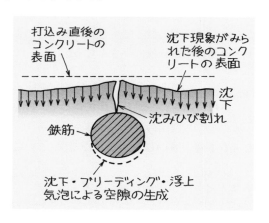

b）乾燥ひび割れ

- ・**表面の水分が逸散する**と，ひび割れが生じる。これを乾燥ひび割れという。地面が乾燥すると，地割れを起こすのと同じ原理である。
- ・粉体（セメントや混和材など）量の多いコンクリートでは，コンクリート内部で余分な水分が少なくなるため，表面が乾燥しやすい状態となり，硬化初期にみられるプラスティック収縮ひび割れが発生しやすくなる。

c）自己収縮ひび割れ

- ・単位セメント量の多い富配合の場合や，**水セメント比が小さい場合**（単位水量が少ない場合）自己収縮ひび割れを起こしやすい。

d）アルカリシリカ反応によるひび割れ

- ・セメント中のアルカリ分と骨材中の**反応性鉱物**が化学反応して膨張性物質が生じ，それが原因で起こるひび割れのこと。亀甲状のひび割れ

が特徴である。

e）鉄筋のかぶり不足によるひび割れ
 ・鉄筋のかぶりが不足すると，鉄筋に沿ってひび割れが発生する。

f）温度ひび割れ
 ・部材厚の大きいコンクリートではコンクリートの**水和熱が大きくなり，表面と内部のコンクリート温度に大きな差**が生じ，体積変化に差が生じるためひび割れが発生する。これを温度ひび割れという。

⑤　耐火性
 ・コンクリートを加熱した場合，**強度よりも弾性係数の低下が著しい**。
 ・コンクリートを500℃まで**加熱**すると，**弾性係数は常温時の10〜20％**となる。
 ・**緻密なコンクリートや含水率の高いコンクリートは急激な加熱によって爆裂**を起こすことがある。
 ・**石灰質骨材**を用いると耐火性が低下する。

⑥　水密性
　コンクリートの水密性とは，水漏れのしにくさや，水分の通しにくさのことである。
　水の通しやすさを表す指標を透水係数（cm/s）という。
　透水係数が大きいほど，水を通しやすい。
 ・**水セメント比が大きいと透水係数は大きくなる。**
　（密実なコンクリートほど透水係数が小さい）
 ・**粗骨材の最大寸法が大きくなると，**骨材の下部に空洞（ブリーディングによる水膜）ができやすくなり，水密性が低下する。
　すなわち**透水係数は大きくなる。**
 ・**湿潤養生を十分行う**と，また材齢が進むほど水密性が向上する。
　すなわち**透水係数は小さくなる。**
 ・AE剤の適切な使用量にて製造した**AEコンクリート**は，ブリーディングが減少し，ワーカビリティが改善され，密実なコンクリートとなる。その結果，**AE剤を使用しないコンクリートより透水係数が小さくなる。**

4-2 耐久性

（1）アルカリシリカ反応

アルカリシリカ反応とは，セメントや混和剤に含まれている Na や K 等の**アルカリ金属が，骨材中の反応性鉱物**と反応し，**膨張性の物質（アルカリシリカゲル）が生成される**現象をいいます。亀甲状のひび割れを引き起こします。

セメント中のアルカリ金属＋骨材中の反応性鉱物
⇩
生成物が吸水して膨張し，ひびわれ発生

① アルカリシリカ反応の抑制対策

１）**安全と認められる骨材（区分Aの骨材）の使用。**

無害でない骨材（区分Bの骨材）を使用する場合、その他のアルカリシリカ反応抑制対策（後述のアルカリ総量の規制、抑制効果のある混合セメントの使用）を講じる必要がある。

・区分A：アルカリシリカ反応性試験の結果が無害と判定されたもの
・区分B：アルカリシリカ反応性試験の結果が無害でないと判定されたもの。またはこの試験を行っていないもの。

アルカリシリカ反応性試験の判定方法

①化学法	②モルタルバー法	区分	説明
A	実施せず	A	①がAなら，②に関係なく区分A
B	A	A	①がBでも，②がAなら区分A
実施せず	A	A	②がAなら①に関係なく区分A
B	B	B	①がB，その後実施した②もBなら区分B
実施せず	B	B	①は実施せず，②がBなら区分B

※化学法で区分B（無害でないという判定）であっても，モルタルバー法で区分A（無害という判定）なら，最終的に区分Aとする。

※化学法は実施せず，モルタルバー法で区分Bなら，その時点で区分Bと
する。

・区分Bの骨材と区分Aの骨材を混合して使用する場合は，**区分Bの骨
材**として取り扱わなければならない。

2）**低アルカリ形セメント**（全アルカリ量が0.6%以下のセメント）の使
用。

3）抑制効果のある混合セメント（フライアッシュセメントのB種もし
くはC種，高炉セメントのB種もしくはC種等）の使用。ただし，
高炉セメントB種の高炉スラグの分量は40%以上（質量分率%），フ
ライアッシュの分量は15%以上（質量分率%）でなければならない。

4）コンクリート中のアルカリ総量を規制する抑制対策の方法
全アルカリ量が明らかなポルトランドセメント又は普通エコセメント
を使用し，コンクリート中の**アルカリ総量3.0kg/m³以下**となること
を確認する。ただし，**セメント中の全アルカリ量の値としては，直近
6か月間の試験成績表に示されている全アルカリの最大値の最も大き
い値**を用いる。

② 骨材のアルカリシリカ反応試験

1）**化学法**：骨材と $NaCH$ を反応させ，アルカリ濃度の減少量を測定す
る。

2）**モルタルバー法**：モルタル供試体を作成し，長さの変化を測定する。

③ ペシマム量

アルカリシリカ反応による**膨張が最大となるとき**の，骨材に含まれる**反応
性骨材の割合をペシマム量**という（**反応性骨材の量が多いほど膨張が大きく
なるわけではなくペシマム量の時に最大となる**）。ペシマム量はセメント中
のアルカリ量，骨材の種類，粒度などによって変化する。

（2）**中性化**

中性化とは，空気中の二酸化炭素の作用を受けて，コンクリート中の水酸
化カルシウムが徐々に炭酸カルシウムになり，**コンクリートのアルカリ性が
低下**する現象をいいます。
参考：アルカリ性が低下するとアルカリ性→中性→酸性の順に変化が生じ

る。

　　・鉄筋の周囲のコンクリートが**中性化**すると，**鉄筋の不動態被膜が破壊**されやすくなるため，水や酸素の侵入により鉄筋が腐食する。

①　中性化の影響因子

　　・**炭酸ガス（二酸化炭素）濃度が大きい**ほど中性化は進みやすい。
　　・屋外よりも**屋内**の方が炭酸ガス（二酸化炭素）濃度が高いので中性化が進みやすい。
　　・中性化は，**高温で乾燥状態**にあるほど進みやすい。ただし，著しく乾燥している場合には中性化は進みにくい。
　　・中性化の進行は**経過時間の平方根に比例**する（$\sqrt{t}$則）。
　　　（$\sqrt{t}$則という。「経過時間の二乗に比例」ではないことに注意！）
　　　参考　81の平方根は9。9の二乗は81。

　　・**密実なコンクリートほど中性化の進行は遅い**（つまり中性化速度が遅い）。
　　・中性化は水セメント比が大きいほど進みやすい。（水が多いということは密実さが低いので二酸化炭素がコンクリートに侵入しやすい）
　　・タイル張り，石張りなどによるコンクリート表面の仕上げは，二酸化炭素の侵入を防ぎ，中性化を遅らせるのに有効である。
　　・高炉セメントやフライアッシュセメントを用いたコンクリートは中性化が進行しやすくなる。セメントに含まれる高炉スラグ微粉末やフライアッシュの混入量が多いほど進行しやすい。

②　中性化の検査方法

　　フェノールフタレインの1％エタノール溶液をコンクリートに噴霧して色を見て調べます。元々コンクリートはアルカリ性ですが，噴霧して**無色**となれば，その部分のコンクリートは**中性化**が進行していることになります。赤紫色であれば，アルカリ性を保っており，中性化の進行は少ないと考えられます。

中性化の判定

	酸性	中性	アルカリ性
フェノールフタレイン溶液の色	無色	無色	赤紫色

（3）耐凍害性

① 凍害とは

　コンクリート中の水分が凍結すると，水分が**膨張**して，その圧力でコンクリートの破壊が起こります。温度が高くなると，凍結していた水分は融解（溶ける）し，この**凍結融解作用**が繰り返されると，コンクリートの劣化が進行し，表面がボロボロになったりします。現象としては**ポップアウト**（コンクリート中の骨材が膨張して，表面のモルタルをはじき出す現象）や，ひび割れが発生します。

　・凍結融解を受けるコンクリート構造物では，日が当たらない部分より**日が当たる部分**のほうが，**凍結融解の繰り返し回数が多くなり，劣化が生じやすい。**

② 耐凍害性の向上

　凍害に耐える性質を耐凍害性という。
　・**エントレインドエアは凍結時に膨張圧を緩和するので耐凍害性を高める。**
　・**吸水率の大きい骨材は凍害を生じやすい**（水を多く吸収しているので，凍結時に膨張しやすくポップアウトを生じやすい）。
　・**水セメント比が大きい**コンクリートは凍害を生じやすい。
　・**気泡間隔係数が大きいほど**（エントレインドエアの存在間隔が大きい）耐凍害性は**低下**する。つまり，大きな空気泡がまばらに存在しているより，多くの微小空気泡がまんべんなく存在している方が大きい。

（4）化学的侵食

　・硫酸，塩酸などは，セメント水和物を分解してコンクリートを劣化させる。
　・**硫酸塩**はコンクリート中の水酸化カルシウムやアルミン酸三カルシウムと反応して**エトリンガイト**を生成し，**著しい膨張**を生じさせて**コンク**

リートを破壊する。

- ・下水に含まれる硫酸塩は，微生物の作用によって硫酸となり，管路や下水処理場のコンクリートに著しい劣化を生じさせる。
- ・コンクリートは海水に含まれる**硫酸塩**や**塩化マグネシウム**によって劣化する。

（5）水密性

コンクリート構造物は水漏れなどが生じないように，水密性を要求されます。水密性とは**水の通しにくさ**のことです。水密性が高い，とは水を通しにくく，水漏れしにくい，という意味です。水の通しやすさを表す数値を透水係数といいます。透水係数が大きい＝水を通しやすい，という意味です。

① 水密性の向上

- ・コンクリート中にできるだけ隙間のない状態を作ることが求められる。
- ・ブリーディングを起こさないようにする。**ブリーディングは水分が浮き出るので，密実なコンクリートをつくる上で阻害要因**である。コンクリート打設中に発生したブリーディング水は除去しなければならない。
- ・**単位水量を減らせば水密性は向上する。**
- ・**水セメント比を小さく**すれば水密性は向上する。
- ・**フライアッシュなどを用いる**とブリーディングが減り，水密性が向上する。
- ・AE剤，AE減水剤を用いると，単位水量を減らすことができるので，水密性向上に効果がある。
- ・粗骨材の最大寸法が大きいと，骨材の下部に空洞ができやすいので水密性が低下する。
- ・水密性向上のためには，施工において，留意すべき点は**十分締固める，十分な期間湿潤養生**を行うことなどが大切である。

（6）鉄筋の腐食

① 鉄筋の腐食

・鉄筋コンクリート中の鉄筋が腐食する（さびる）と，鉄筋が膨張し，コンクリートがひび割れる。鉄筋の腐食は，鉄筋の正常な部分の面積を減少させるため，鉄筋コンクリート構造物の強度を低下させる。**水分が浸透しやすい環境，塩化物イオン**が浸透しやすい環境で腐食しやすい。海岸付近は塩害が発生しやすい。道路に散布される**凍結防止剤**は塩化カルシウムが主成分であるため，塩化物イオンが雨水に溶け出し，コンクリート橋，橋台，橋脚などの道路構造物の塩害の原因になる。

・コンクリート中に**塩化物イオン**が一定量以上存在すると鉄筋の**不動態被膜**（鉄筋を腐食から守る薄い膜）**が破壊される**。その際，鉄筋の表面に**アノード部（陽極），カソード部（陰極）が生じて電流**（腐食電流という）が流れ鉄筋に腐食が生じる。

・海洋コンクリート構造物中の鉄筋は常時波しぶきを受ける部分よりも，**常時海水中にある部分の方が腐食しにくい。**

② 鉄筋腐食の防止策

・コンクリート中に水分が浸入しないようにすることが重要である。そのためには**ひび割れを少なくする**必要がある。また，密実なコンクリートを作る必要がある。つまり水密性を高める（水セメント比を小さくするなど）ことが鉄筋腐食の防止につながる。

・密実なコンクリートでは，塩化物イオンがコンクリート中に侵入して鉄筋に到達しにくくなる。（**密実なコンクリート**では塩化物イオンの**拡散係数**（拡散のしやすさ）**は小さくなる。**）

・水平鉄筋と鉛直鉄筋では**水平鉄筋**の方が腐食しやすい。水平鉄筋の下に空洞ができやすいため，水分が浸入しやすいからである。

【問題1】

硬化したコンクリートの性質に関する記述のうち，正しいものを答えよ。

(1) 粗骨材に砕石を用いると，川砂利を用いた場合よりも圧縮強度は小さくなる。

(2) コンクリートは圧縮強度より引張強度のほうが大きい。

(3) 水セメント比が大きくなると強度は低下する。

(4) 水セメント比を一定とした場合，粗骨材寸法が大きくなると強度は大きくなる。

解 説

(1) 粗骨材に砕石を用いると，川砂利を用いた場合よりも圧縮強度は大きくなる。丸みを帯びた川砂利よりも，砕石のように角ばっているほうが，モルタルとの付着力が大きくなるからである。

(2) コンクリートの特徴として，圧縮強度が引張強度よりも大きいことが挙げられる。

(3) 記述のとおり，水分が多いとコンクリートの強度は小さくなる。

(4) 粗骨材寸法が大きくなると，内部欠陥ができやすく強度は小さくなる。

解答(3)

【問題2】

強度試験で用いる円柱供試体に関する記述のうち，正しいものを答えよ。

(1) $H = 20\,cm$, $D = 10\,cm$ の供試体よりも，$H = 40\,cm$, $D = 20\,cm$ の供試体のほうが圧縮強度が大きくなる。ただし，H：供試体高さ，D：供試体直径である。

(2) H/D（高さ/直径）が大きいほど圧縮強度試験値は大きい。

(3) 乾燥しているほうが，湿潤状態よりも試験値は小さくなる。

(4) 載荷速度が速いほど，圧縮強度試験値は大きくなる。

(1)　形状が同じ場合は，供試体寸法が小さいほど圧縮強度試験結果は大きくなる。小さいほうが，内部欠陥ができにくい。したがって，H = 20 cm，D = 10 cm の供試体のほうが圧縮強度は大きい。

(2)　H/D（高さ/直径）が小さいほど試験値は大きい。背の低い供試体ほど試験値が大きい。

(3)　乾燥しているほうが，湿潤状態よりも試験値は大きくなる。乾かしたほうが硬くなる。

(4)　記述のとおりである。

解答(4)

【問題3】

硬化したコンクリートの性質に関する次の記述のうち，正しいものを答えよ。

(1)　圧縮強度が大きくなると，ヤング係数（弾性係数）は小さくなる。

(2)　圧縮強度が大きくなってもポアソン比はあまり変化しない。

(3)　載荷する応力が同じなら，圧縮強度が大きいほうがクリープは大きくなる。

(4)　圧縮強度は曲げ強度の1/5～1/8程度である。

(1)　圧縮強度が大きくなると，ヤング係数（弾性係数）は大きくなる。

(2)　記述のとおりである。

(3)　載荷する応力が同じなら，圧縮強度が大きいほうがクリープは小さくなる。

(4)　圧縮強度のほうが大きい。曲げ強度は圧縮強度の1/5～1/8程度である。

解答(2)

練習問題

【問題 4 】

　硬化したコンクリートの性質に関する次の記述のうち，誤っているものを
答えよ。

(1)　引張強度は圧縮強度の1/5〜1/8程度である。

(2)　水平鉄筋の下部はコンクリートと鉄筋の付着強度が小さくなることが
　　ある。

(3)　常圧で蒸気養生を行った場合は標準養生よりも長期強度が小さくな
　　る。

(4)　ある応力で繰り返し荷重をかけるとコンクリートは破壊に至る。

解　説

(1)　引張強度は圧縮強度の1/10〜1/13程度である。よって誤りである。

(2)　水平鉄筋の下部は空洞ができやすいので，コンクリートと鉄筋の付着
　　強度が小さくなることがある。

(3)　常圧で蒸気養生を行った場合は，初期強度は大きいが長期強度はあま
　　り伸びない。

(4)　小さい応力であっても繰り返し荷重により破壊に至る。

解答(1)

【問題 5 】

　硬化したコンクリートの性質に関する記述のうち，正しいものを答えよ。

(1)　圧縮強度が同じ場合，軽量コンクリートは普通コンクリートよりヤン
　　グ係数は大きくなる。

(2)　鉄筋コンクリートの壁体から採取したコンクリートの圧縮強度は壁体
　　の下部よりも上部のほうが大きくなる。

(3)　練り上がり温度が高いほど，セメントの初期水和反応が促進され，若
　　材齢の圧縮強度は大きくなるが，長期材齢における強度の伸びは小さく
　　なる。

(4)　ある応力で繰返し載荷すると，200万回で破壊にいたる場合，その繰
　　返し応力のことを200万回圧縮強度という。

(1) 圧縮強度が同じ場合，軽量コンクリートは普通コンクリートよりヤング係数は小さくなる。

(2) 圧縮強度は壁体の上部よりも下部のほうが大きくなる。下部の方が自重でより密実なコンクリートになりやすい。

(3) 記述のとおりである。

(4) 破壊に至る繰返し応力のことを○○回疲労強度という。

解答(3)

【問題6】

以下は硬化したコンクリートの応力ひずみ関係を示した図である。（a）から（c）の名称の組合せとして，正しいものを答えよ。

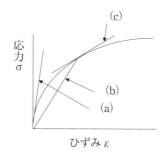

	(a)	(b)	(c)
(1)	ポアソン比	初期接線弾性係数	接線弾性係数
(2)	接線弾性係数	ポアソン比	初期接線弾性係数
(3)	初期接線弾性係数	割線弾性係数	接線弾性係数
(4)	割線弾性係数	初期接線弾性係数	接線弾性係数

解 説

次図のとおりである。

ポアソン比は圧縮時の横ひずみと縦ひずみの比

ポアソン比 $\mu = |\varepsilon_t/\varepsilon_l| = $（1/5〜1/7程度）である。

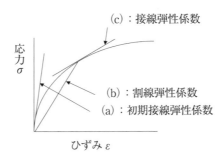

解答(3)

【問題 7 】

硬化したコンクリートの力学特性に関する用語の説明として，誤っているものを答えよ。

(1)　ヤング係数とは応力ひずみ曲線の弾性領域（荷重を除去したら元にもどる範囲：応力が小さい範囲）における 2 点を結んだ直線の傾きである。

(2)　割線弾性係数とは応力ひずみ曲線の 2 点を結んだ傾きである。

(3)　接線弾性係数とは応力ひずみ曲線の 1 点における接線の傾きである。

(4)　接線弾性係数は応力が大きくなるほど大きくなる。

解　説

(1)(2)(3)　記述のとおりである。

(4)　接線弾性係数は，応力が大きくなるほど傾きが倒れてくるので小さくなる。

解答(4)

【問題8】

コンクリートのクリープに関する記述のうち，正しいものを答えよ。
(1)　載荷応力が小さいほどクリープひずみは大きい。
(2)　クリープひずみは載荷応力の二乗に比例する。
(3)　載荷応力がコンクリート強度の50%程度の場合，クリープ現象のあと破壊がみられる。
(4)　長期間の載荷後は，クリープひずみは弾性ひずみより大きくなる。

解　説

(1)　載荷応力が大きいほどクリープひずみは大きい。
(2)　クリープひずみは載荷応力にほぼ比例する。
(3)　載荷応力がコンクリート強度の75〜85%を超えてくるとクリープ現象のあと，破壊がみられる。
(4)　記述のとおりである。

解答(4)

【問題9】

コンクリートのクリープに関する記述のうち，正しいものを答えよ。
(1)　湿潤状態の環境のほうがクリープひずみは大きくなる。
(2)　水セメント比が小さいほどクリープひずみは大きくなる。
(3)　載荷時の材齢が若いほどクリープひずみは小さくなる。
(4)　クリープ限度とはクリープ破壊が起きる下限の応力のことである。

解　説

(1)　乾燥した環境のほうがクリープひずみは大きくなる。
(2)　水セメント比が大きいほどクリープひずみは大きくなる。
(3)　載荷時の材齢が若いほどクリープひずみは大きくなる。
(4)　記述のとおりである。クリープ限度以上の応力をかけると破壊にいたり，それ以下であれば，クリープひずみは時間経過後に収束する。

解答(4)

【問題10】
　クリープに関する説明として，誤っているものを答えよ。

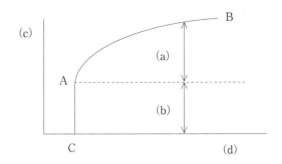

(1)　図中の（a）はクリープひずみ，（b）は弾性ひずみ，（c）はひずみ，
　　（d）は時間である。
(2)　クリープひずみの弾性ひずみに対する比率をクリープ係数と呼ぶ。ク
　　リープ係数＝クリープひずみ/弾性ひずみ＝$\varepsilon_c/\varepsilon_0$である。
(3)　載荷応力がコンクリート強度の75〜85％を超えてくるとクリープ現象
　　のあと，破壊がみられる。
(4)　長時間載荷しても弾性ひずみは常にクリープひずみより大きい。

解　説

(1)　記述のとおりである。
(2)　記述のとおりである。クリープ係数＝クリープひずみ/弾性ひずみ＝
　　$\varepsilon_c/\varepsilon_0$である。
(3)　記述のとおりである。
(4)　長期間の載荷後は，クリープひずみは弾性ひずみより大きくなる。

解答(4)

【問題11】

　コンクリートの収縮に関する記述のうち，正しいものを答えよ。

(1)　セメントの比表面積が大きいほど，乾燥収縮量は小さい。

(2)　単位粗骨材量が多くなるほど，乾燥収縮は小さくなる。

(3)　高強度コンクリートは自己収縮が小さい。

(4)　コンクリートの表面積が大きいほど乾燥収縮は小さくなる。

解　説

(1)　セメントの比表面積が大きいほど，保有する水分が多くなり，乾燥する水分も多くなることから乾燥収縮量は大きくなる。

(2)　粗骨材はセメントペーストが収縮を拘束するはたらきがあるので，単位粗骨材量が多くなるほど，乾燥収縮は小さくなる。

(3)　高強度コンクリートは通常のコンクリートよりもセメント量が多いので，自己収縮が大きくなる。自己収縮は乾燥収縮とは異なり，コンクリート内部での収縮である。

(4)　乾燥収縮は表面から水分が逸散して生じている。そのためコンクリートの表面積が小さいほど乾燥収縮は小さくなる。

解答(2)

【問題12】

　硬化したコンクリートの性質に関する記述のうち，正しいものを答えよ。

(1)　コンクリートの鉄筋の周りのコンクリートが沈下し，鉄筋上部に，鉄筋に沿ってひび割れが発生する場合があるが，これを鉄筋上部ひび割れという。

(2)　水セメント比が大きいとブリーディングが小さいので，沈下ひび割れは生じにくい。

(3)　乾燥ひび割れの主原因はコンクリート内部で水分が消費されるからである。

(4)　粉体量の多いコンクリートではプラスティック収縮ひび割れが発生しやすくなる。

練習問題

(1)　これは沈下ひび割れの説明である。鉄筋上部ひび割れという名称は規定されていない。

(2)　水セメント比が大きいとブリーディングが大きくなるため，沈下ひび割れも起こりやすくなる。

(3)　乾燥ひび割れの主要因は表面からの水分逸散である。

(4)　粉体（セメントや混和材など）量の多いコンクリートでは，コンクリート内部で余分な水分が少なくなるため，表面が乾燥しやすい状態となり，硬化初期にみられるプラスティック収縮ひび割れが発生しやすくなる。

解答(4)

【問題13】

　コンクリートのひび割れに関する記述のうち，誤っているものを答えよ。

(1)　単位セメント量の多い富配合の場合や，水セメント比が小さい場合，自己収縮ひび割れを起こしやすい。

(2)　アルカリシリカ反応ではセメント中のアルカリ分と骨材中の鉱物が化学反応して膨張性物質が生じ，それが原因でひび割れが生じる。

(3)　鉄筋のかぶりが不足すると，網目状にひび割れが発生する。

(4)　部材厚の大きいコンクリートではコンクリートの水和熱が大きくなり，表面と内部のコンクリート温度に大きな差が生じ，体積変化に差が生じるためひび割れが発生する。

解　説

(1)(2)　記述のとおりである。

(3)　鉄筋のかぶりが不足すると，鉄筋に沿ってひび割れが発生する。網目状には発生しない。

(4)　記述のとおりである。温度ひび割れの説明である。

解答(3)

【問題14】
　コンクリートの耐久性に関する記述のうち，正しいものを答えよ。
　⑴　アルカリシリカ反応とは，セメントや混和剤に含まれている反応性鉱物が骨材中の Na や K 等のアルカリ金属と反応し，膨張性の物質が生成される現象をいう。
　⑵　凍害とは低温下で収縮現象が進行し，内部圧力によりコンクリートが破壊される現象である。
　⑶　中性化とは空気中のアルカリ金属の作用を受けて，コンクリート中の炭酸カルシウムが徐々に減少し，コンクリートの酸性が低下する現象をいう。
　⑷　塩害とは，塩化物イオンがコンクリート中に侵入し，鉄筋を腐食させる現象である。

解　説
　⑴　アルカリシリカ反応とは，セメントや混和剤に含まれている Na や K 等のアルカリ金属が，骨材中の反応性鉱物と反応し，膨張性の物質が生成される現象をいう。設問は記述が逆である。
　⑵　凍害とはコンクリート中の水分が凍結した際，水分が膨張し，その圧力でコンクリートの破壊が起こる現象である。
　⑶　中性化とは空気中の二酸化炭素の作用を受けて，コンクリート中の水酸化カルシウムが徐々に炭酸カルシウムになり，コンクリートのアルカリ性が低下する現象をいう。
　⑷　記述のとおりである。

解答⑷

【問題15】
　アルカリシリカ反応性試験の判定に関する記述のうち，誤っているものを答えよ。
　⑴　化学法で区分B，モルタルバー法で区分Aと判定された場合，その骨材は区分Bとなる。
　⑵　化学法で区分Aであれば，区分Aとしてよい。
　⑶　モルタルバー法で区分Aであれば区分Aとしてよい。

練習問題

(4) 区分Bの骨材と区分Aの骨材を混合して使用する場合は区分Bの骨材として取り扱わなければならない。

[解　説]

(1) 化学法で区分B，モルタルバー法で区分Aと判定された場合，その骨材は区分Aとなる。

(2)(3)(4) 記述のとおりである。

アルカリシリカ反応性試験の判定方法

①化学法	②モルタルバー法	区分	説明
A	実施せず	A	①がAなら，②に関係なく区分A
B	A	A	①がBでも，②がAなら区分A
実施せず	A	A	②がAなら①に関係なく区分A
B	B	B	①がB，その後実施した②もBなら区分B
実施せず	B	B	①は実施せず，②がBなら区分B

※化学法で区分B（無害でないという判定）であっても，モルタルバー法で区分A（無害という判定）なら，最終的に区分Aとする。

※化学法は実施せず，モルタルバー法で区分Bなら，その時点で区分Bとする。

解答(1)

【問題16】

アルカリシリカ反応の抑制方法に関する記述のうち，正しいものを答えよ。

(1) 区分Aの骨材を使用する。

(2) 低発熱形セメントを使用する。

(3) アルカリシリカ反応抑制効果のあるエコセメントを使用する。

(4) コンクリート中の塩化物イオン量を抑制する。

[解　説]

(1) 記述のとおりである。

(2) 低アルカリ形セメント（全アルカリ量が0.6%以下のセメント）を使

用する。

(3) アルカリシリカ反応抑制効果のある混合セメント（フライアッシュセメント，高炉セメントのB種C種等）を使用する。

(4) コンクリート中のアルカリ総量を抑制する（Na_2O 換算で 3 kg/m³ 以下）。

解答(1)

【問題17】

コンクリートの中性化に関する記述のうち，誤っているものを答えよ。

(1) 二酸化炭素濃度が大きいほど中性化は進みやすい。

(2) 屋内よりも屋外の方が中性化が進みやすい。

(3) 中性化は温度が高いほど進みやすい。

(4) 中性化は乾燥状態にあるほど進みやすい。

解　説

(1) 記述のとおりである。

(2) 屋外よりも屋内の方が炭酸ガス（二酸化炭素）濃度が高いので中性化が進みやすい。

(3) 記述のとおりである。

(4) 記述のとおりである。ただし，著しく乾燥している場合には中性化は進みにくい。

解答(2)

【問題18】

コンクリートの中性化に関する記述のうち，正しいものを答えよ。

(1) 中性化の進行は経過時間の二乗に比例する。

(2) 中性化は水セメント比が小さいほど進みやすい。

(3) コンクリート表面の石張りによる仕上げは，中性化を遅らせるまでの効果は期待できない。

(4) フェノールフタレインエタノール 1 ％溶液をコンクリートに噴霧して無色であれば中性化が進行していると言える。

練習問題

(1)　中性化は経過時間の平方根に比例する（$\sqrt{t}$ 則）。

(2)　中性化は水セメント比が大きいほど進みやすい。水が多いということは密実さが低いので，二酸化炭素がコンクリートに侵入しやすいからである。

(3)　タイル張り，石張りなどによる仕上げは，二酸化炭素の侵入を妨げるので中性化を遅らせるのに有効である。

(4)　記述のとおりである。中性化が進んでいなければ濃い赤紫となる。無色になるということは，中性化が十分に進行した状態である。

解答(4)

【問題19】

コンクリートの凍害に関する記述のうち，誤っているものを答えよ。

(1)　ポップアウトは凍害による代表的な劣化現象である。

(2)　エントレインドエアは凍結時に膨張圧を緩和するので耐凍害性を高める。

(3)　吸水率の大きい骨材は空隙が大きいので凍害が生じにくい。

(4)　気泡間隔係数が大きいほど耐凍害性は低下する。

解　説

(1)　記述のとおりである。コンクリート内の骨材が凍結により膨張し，コンクリート表面のモルタル分が部分的に剥がれ落ちる現象をポップアウトという。

(2)　記述のとおりである。

(3)　吸水率の大きい骨材は水を多く吸収しているので，凍結時に膨張しやすいため凍害が生じやすい。よって誤りである。

(4)　気泡間隔係数が大きい（エントレインドエアの存在間隔が大きい）ほど耐凍害性は低下する。つまり，大きな空気泡がまばらに存在しているより，多くの微小空気泡がまんべんなく存在している方が大きい。

解答(3)

【問題20】

コンクリートの水密性に関する記述のうち，誤っているものを答えよ。

(1) ブリーディング水はもともとコンクリートに必要な水分が浮き出たものであるから，密実なコンクリートを作るために，そのまま放置する。

(2) 混和材としてフライアッシュを用いると水密性が向上する。

(3) AE 減水剤を用いると水密性向上に効果がある。

(4) 粗骨材の最大寸法が大きいと水密性が低下する。

解　説

(1) ブリーディング水は密実なコンクリートをつくる上で阻害要因であるので取り除かなくてはならない。よって誤りである。

(2) フライアッシュを用いるとブリーディングが減り，水密性が向上する。

(3) AE 剤，AE 減水剤を用いると，単位水量を減らすことができるので，水密性向上に効果がある。

(4) 粗骨材の最大寸法が大きいと，骨材の下部に空洞ができやすいので水密性が低下する。

解答(1)

【問題21】

鉄筋コンクリートの鉄筋の腐食に関する記述のうち，正しいものを答えよ。

(1) 鉄筋コンクリート中の鉄筋腐食はコンクリートのひび割れの一因となる。

(2) 海洋コンクリート構造物中の鉄筋は常時波しぶきを受ける部分よりも，常時海水中にある部分の方が腐食しやすい。

(3) コンクリート中への水分の浸入防止は塩害対策として有効ではない。

(4) 水平鉄筋と鉛直鉄筋では鉛直鉄筋の方が腐食しやすい。

(1)　鉄筋コンクリート中の鉄筋が腐食すると，鉄筋が膨張し，コンクリートがひび割れる。

(2)　常時波しぶきを受ける部分は酸素が豊富に存在する環境なので，常時海水中にある部分よりも腐食が進みやすい。

(3)　塩害対策としてコンクリート中に水分が浸入しないようにすることが重要である。そのためにはひび割れを少なくする必要がある。また，密実なコンクリートを作る必要がある。つまり水密性を高めることが鉄筋腐食の防止につながる。

(4)　水平鉄筋と鉛直鉄筋では水平鉄筋の方が腐食しやすい。水平鉄筋の下に空洞ができやすいため，水分が浸入しやすいからである。

解答(1)

【問題22】

硬化コンクリートに関する記述のうち，誤っているものを答えよ。

(1)　混合セメントを用いると普通ポルトランドセメントを使用する場合より中性化抑制に有利となる。

(2)　かぶりコンクリートにひび割れが生じると塩害が起こりやすくなる。

(3)　凍結防止剤のコンクリートからの浸透は塩害の原因となる。

(4)　エントレインドエアは凍害抑制効果がある。

解　説

(1)　混合セメントは普通ポルトランドセメントよりセメント分が少ない。よってアルカリ分が少ないから中性化は進みやすい。したがって誤っている。

(2)(3)(4)　記述のとおりである。

解答(1)

第 5 章

製造・試験・検査

コンクリート製造時の各種材料の計量方法，練混ぜ方法，受け入れ検査の試験方法などについて学びます。

5-1 計量

① 材料の計量

- セメント，骨材，水，混和材料（混和材および混和剤）は**別々**の計量器で計量する。
- 細骨材と粗骨材は**累加計量**してもよい。
- セメント，骨材，混和材の計量は**質量**で行う。
- 混和材（例えば**膨張材**）で袋詰めのものは購入者の承認があれば**袋の数**で計量してよい。一袋未満のものは質量で計量しなければならない。
- 水，混和剤は質量で計量しても**容積**で計量してもよい。
- 水はあらかじめ計量してある混和剤と**一緒に累加**して計量してもよい。

② 計量誤差

各材料の許容誤差（%）は以下のとおりです。

誤差の%を覚える。

材料の許容誤差

材料	許容計量誤差（%）	備考
セメント	±1	
骨 材	±3	
水	±1	
混和材	±2	フライアッシュ，膨張材など
混和剤	±3	
高炉スラグ微粉末	±1	混和材であるが例外的に±1%

例）単位セメント量が320 kg/m³の場合，許容誤差は

320×（±1/100）＝±3.2kg/m³となるので

320±3.2＝下限値316.8，上限値323.2 kg/m³となる。

③ 材料の貯蔵

- 袋詰めセメントは**30 cm 以上**の床の上に積み重ねるのがよい。
- セメントの貯蔵場所は風化を防止できる**湿度の低い場所**でなければならない。
- 貯蔵中に少しでも固まったセメントは使用してはならない。
- 骨材の貯蔵設備の床は**排水できる構造**とする。またプレソーキング（プレウェッティング：あらかじめ骨材に吸水させること）のために散水できる設備が必要である。
- 骨材の貯蔵設備の容量は，**1 日最大使用量以上**でなければならない。

5-2 練混ぜ

① 材料の投入順序

・材料をミキサに投入する順序は，ミキサの形式，練混ぜ時間，骨材の種類および粒度，配合，混和材料の種類などによって相違する。

・一般的に，**水は他の材料より先に入れ始め，他の材料の投入が終わって，少し経ってから水の投入を終える**ようにする。

・コンクリート標準示方書では材料の投入順序を**あらかじめ定めておかなければならない**，と規定されている。また，JISA1119による試験，強度試験，ブリーディング試験等の結果または実績を参考にして定めるのがよいとしている。

② ミキサー

（1）ミキサーの種類

1）バッチ式ミキサ

一練り分ずつのコンクリート材料を練り混ぜるミキサである。重力式ミキサと強制練りミキサがある。

a）**重力式ミキサ**には**傾胴形**があり，これは，内側に練混ぜ用羽根がついた練混ぜドラム（混合胴）の回転によって材料を**自重で落下させて練り混ぜる方式**である。

b）**強制練りミキサ**には**水平一軸形，水平二軸形，パン形**などがあり，これは，**羽根を動力で回転**させ，材料を強制的に練り混ぜる方式である。

2）連続式ミキサ

コンクリート材料の**計量，供給，練混ぜを行う機械を一体化**したもので，**連続的にコンクリートを製造（排出）**できるミキサである。連続式ミキサでは**最初に排出されるコンクリートを用いない**のが原則である（練り混ぜはじめは，品質が不安定になりやすいため）。

③ 練混ぜ時間

・練混ぜ時間が短すぎると**空気量は少なくなる**。AE剤やAE減水剤の効

果が悪くなるからである。

・練混ぜ時間が短すぎると**圧縮強度は小さくなる**。適正な練混ぜ時間によって，均一なコンクリートでなければならない。

・練混ぜ時間について，コンクリート標準示方書では，試験によって定めるのを原則とする，と規定されている。また，解説では JIS A 1119その他による試験結果から定めるのを原則とし，また練混ぜ時間の試験を行なわない場合は，その最小時間を**重力式ミキサで1分30秒，強制練りミキサで1分**を標準としてよいとしている。

・JIS A 1119（ミキサで練り混ぜたコンクリート中のモルタルの差及び粗骨材量の差の試験方法）では，その試験結果において，**モルタルの単位容積質量の差が0.8以下，単位粗骨材量の差が5％以下**となる練り混ぜ時間を求め，**長い方の時間を練り混ぜ時間**とする。

・強制練りミキサは重力式ミキサより練混ぜ能力が高いため，**重力式ミキサより練り混ぜ時間は短時間でよい。**

・スランプの小さいコンクリートは固くて練り混ぜにくいので**練混ぜ時間を長くする**のがよい。

・ある程度練混ぜると，所定のスランプが得られ，**それ以上撹拌してもあまり変化しない。一方，空気量は練混ぜ時間が長すぎると，減少する。**

・**高流動コンクリートや高強度コンクリート**などセメント量の多いコンクリートは**練混ぜ時間を長くする**のがよい。

・練混ぜ時間が短すぎると，均一なコンクリートにならないため，**圧縮強度が小さくなる。**

④　製造過程における検査

・細骨材の管理として粗粒率を求めるための**ふるい分け試験は1日1回以上，表面水率試験は1日2回以上**行い，配合修正をするよう定められている。細骨材の表面水率はマイクロ波方式で測定するのが主流である。

・**粗骨材の表面水率試験は必要の都度**とされている。

・**人工軽量細骨材，人工軽量粗骨材の含水率は使用の都度**，試験することとされている。

5-3 検査・試験

受入れ検査は，**強度，スランプ，空気量**及び**塩化物含有量**などについて行います。

① スランプ

〈合格基準〉

スランプの許容差（単位：cm）

スランプ	スランプの許容差
2.5	±1
5 および6.5	±1.5
8 以上18以下	±2.5
21	±1.5※

※呼び強度27以上で，高性能 AE 減水剤を使用する
　場合は± 2 とする。

各スランプ値に対する許容差を覚えよう。

例）指定したスランプが12 cm の場合，上表の「スランプ： 8 以上18以下」
に該当する。したがって，スランプの許容差は±2.5 cm であるから，上
限値，下限値を求めると，

　上限値が，12＋2.5＝14.5 cm

　下限値が，12－2.5＝9.5 cm

となる。つまり，スランプ12 cm のコンクリートのスランプ試験結果が9.
5 cm 以上14.5 cm 以下であれば合格となる。

スランプフローの規定は下記のとおりです。

各スランプフロー値に対する許容差を覚えよう。

スランプフローの許容差（単位：cm）

スランプフロー	スランプフローの許容差
45，50及び55	±7.5
60	±10

② 空気量

〈合格基準〉　荷卸し地点での空気量および許容差（単位：％）

コンクリートの種類	空気量	空気量の許容差
普通コンクリート	4.5	
軽量コンクリート	5.0	±1.5
舗装コンクリート	4.5	
高強度コンクリート	4.5	

・軽量コンクリート以外のコンクリートでは空気量は4.5％で，すべての
　コンクリートで許容差は±1.5％である。

※**スランプ（又はスランプフロー）**および空気量の**一方または両方が許容
　の範囲を外れた場合**には，**新しく試料を採取して，1回に限りスランプ
　（又はスランプフロー）および空気量の試験を行い，その結果が規定に
　それぞれ適合すれば**，合格とすることができる，としている。（スラン
　プ，空気量のどちらかだけが許容範囲を外れた場合でも両方の試験を再
　度行わなければならない点に注意！）

③ 塩化物含有量

・レディーミクストコンクリートの塩化物含有量は，荷卸し地点で，塩化
　物イオン（Cl$^-$）量として**0.30 kg/m³以下**でなければならない。但し，
　購入者の承認を受けた場合には，**0.60 kg/m³以下**としてよい。

・**塩化物含有量の検査**は，受渡当事者間の協議で定める。検査は，工場出
　荷時に行うことによって荷卸し地点で所定の条件を満足することが十分
　可能であるので，**工場出荷時に行うことができる。**

④ 強　度

・**普通，軽量，舗装コンクリート**では，強度の試験回数は，原則として
　**150 m³ごとに（高強度コンクリートでは100 m³ごとに1回）1回の割合
　で，1回の試験結果は任意の1運搬車から採取**（複数の運搬車から採取
　してはダメ）した試料で作った**3個の供試体の平均値**で表す。

・呼び強度を保証する材齢は**通常は28日**であるが，購入者が生産者と協議
　のうえ指定した場合，56日や91日となる場合もある。

・レディーミクストコンクリートの強度は，強度試験を行ったとき，次の (a)，(b) の両規定を満足するものでなければならない。
  (a) 1回の試験結果は，購入者が指定した呼び強度の値の85%以上
  (b) 3回の試験結果の平均値は，購入者が指定した呼び強度の値以上

例題

下表は呼び強度18N/mm²のレディーミクストコンクリートの強度試験の結果である。それぞれの試験結果の合否を判定せよ。

	3個の供試体の圧縮強度の平均値 (N/mm²)			判定
	1回目	2回目	3回目	
試験結果1	17.0	19.0	18.0	イ
試験結果2	16.0	18.0	17.0	ロ
試験結果3	25.0	18.0	15.0	ハ

解説 圧縮強度は，

  (a) 1回の試験結果は，購入者が指定した呼び強度の値の85%以上
  (b) 3回の試験結果の平均値は，購入者が指定した呼び強度の値以上でなければならない。よって，1回の試験結果が$18.0 \, \text{N/mm}^2 \times 0.85 = 15.3 \, \text{N/mm}^2$，かつ，平均値が$18.0 \, \text{N/mm}^2$以上が「合格」となる。

イ) 試験結果1
  1回の試験結果が，全て$15.3 \, \text{N/mm}^2$以上。
  3回の試験結果の平均値が
    $(17.0 + 19.0 + 18.0)/3 = 18.0 \, \text{N/mm}^2 \geqq 18.0 \, \text{N/mm}^2$より…「**合格**」

ロ) 試験結果2
  1回の試験結果が，全て$15.3 \, \text{N/mm}^2$以上。
  3回の試験結果の平均値が，
    $(16.0 + 18.0 + 17.0)/3 = 17.0 \, \text{N/mm}^2 < 18.0 \, \text{N/mm}^2$より…「**不合格**」

ハ) 試験結果3
  1回の試験結果のうち3回目が，$15.3 \, \text{N/mm}^2$以下である。
  3回の試験結果の平均値が，
    $(25.0 + 18.0 + 15.0)/3 = 19.3 \, \text{N/mm}^2 > 18.0 \, \text{N/mm}^2$より…「**不合格**」

5-4 レディーミクストコンクリート

① 工場の選定

・工場は原則として，**JIS マーク表示認証工場**で，かつコンクリート主任技士又はコンクリート技士の資格をもつ技術者の常駐している工場とする。

・JIS マーク表示認証工場が近くにない場合，㊜マークを取得した工場など品質を認定された工場を選定する。

・現場までの**運搬時間，荷おろし時間，コンクリートの製造能力，運搬車数，工場の製造設備，品質管理状態**等を考慮して選定する。

② レディーミクストコンクリートの呼び方

JIS 規格ではレディーミクストコンクリートは呼び強度とスランプ（またはスランプフロー）の組み合わせを下表から選びます。たとえば，高強度コンクリートの場合，粗骨材の最大寸法は20または25 mm とし，スランプが12，15，18，21 cm のいずれかの場合は呼び強度は50 N/mm^2 となります。

レディーミクストコンクリートの種類及び区分（JIS A 5308：2019）

コンクリートの種類	粗骨材の最大寸法 mm	スランプ又はスランプフロー cm	呼び強度													
			18	21	24	27	30	33	36	40	42	45	50	55	60	曲げ4.5
普通コンクリート	20, 25	8, 10, 12, 15, 18	○	○	○	○	○	○	○	○	○	○	—	—	—	—
		21	—	○	○	○	○	○	○	○	○	○	—	—	—	—
		45	—	—	—	○	○	○	○	○	○	○	—	—	—	—
		50	—	—	—	○	○	○	○	○	○	○	—	—	—	—
		55	—	—	—	○	○	○	○	○	○	○	—	—	—	—
		60	—	—	—	○	○	○	○	○	○	○	—	—	—	—
	40	5, 8, 10, 12, 15	○	○	○	○	○	—	○	○	—	—	—	—	—	—
軽量コンクリート	15	8, 12, 15, 18, 21	○	○	○	○	○	—	○	○	○	○	—	—	—	—
舗装コンクリート	20, 25, 40	2.5, 6.5	—	—	—	—	—	—	—	—	—	—	—	—	—	○
高強度コンクリート※	20, 25	12, 15, 18, 21	—	—	—	—	—	—	—	—	—	—	○	—	—	—
		45, 50, 55, 60	—	—	—	—	—	—	—	—	—	—	○	○	○	—

※ ○印と○印の間の整数，及び45を超え50未満の整数を，呼び強度とすることができる。

例）　　普通　24　12　20　N　　という呼び方であれば

　　　　　　　　　　　　　　　▲セメントの種類による記号（※）
　　　　　　　　　　　　　　　▲粗骨材の最大寸法（mm）
　　　　　　　　　　　　　　　▲スランプまたはスランプフロー（cm）
　　　　　　　　　　　　　　　▲呼び強度
　　　　　　　　　　　　　　　▲コンクリートの種類による記号
　　　　　　　　　　　　　　　　（普通，軽量，舗装，高強度）

※セメントの種類の記号例
　N（普通ポルトランドセメント）　　H（早強ポルトランドセメント）
　L（低熱ポルトランドセメント）　　BB（高炉B種）

③　購入者が生産者と協議して指定できる事項

　購入者は協議の上，下記 a ）〜 d ）の事項を指定します。

a ）セメントの種類
b ）骨材の種類
c ）粗骨材の最大寸法
d ）アルカリシリカ反応抑制対策の方法

その他，指定できる事項として下記などがあります。
・骨材のアルカリシリカ反応性による区分
・混和材料の種類および使用量
・水セメント比の目標値の上限
・単位水量の目標値の上限
・単位セメント量の目標値の下限または上限
・呼び強度を保証する材齢
※呼び強度を保証する材齢は原則として28日としているが，低熱ポルトラ
　ンドセメント等を用いる場合は56日とする場合もある。
・軽量コンクリートの場合は，コンクリートの単位容積質量
・流動化コンクリートの場合は流動化する前のレディミクストコンクリー
　トからのスランプ増大量（注意：流動化後のスランプ値ではない）

④ 報告

・生産者はレディーミクストコンクリートの配達に先立ち，購入者に**レ
ディーミクストコンクリート配合計画書を提出**しなければならない。配
合計画書には**標準配合，修正標準配合の別**とともに，**その配合の適用期
間**を記入することと規定されている。

●**標準配合**とは，レディーミクストコンクリート工場で**社内標準の基本に
している配合**で，標準状態の運搬時間における標準期の配合として標準
化されているものとする。

●**修正標準配合**とは，出荷時のコンクリート温度が標準配合で想定した温
度より大幅に相違する場合，運搬時間が標準状態から大幅に変化する場
合，若しくは骨材の品質が所定の範囲を超えて変動する場合に**修正を
行ったもの**とする。

・生産者はレディーミクストコンクリートの運搬の都度，購入者に**使用材
料の単位量**を記載した**レディーミクストコンクリート納入書**を提出しな
ければならない。

練習問題

【問題1】

コンクリートの製造に関する次の記述のうち，正しいものを答えよ。

(1) セメントと混和材は同じ計量器で計量してもよい。

(2) 細骨材と粗骨材は累加計量してはならない。

(3) セメント，骨材，混和材の計量は質量で行う。

(4) 混和材で袋詰めのものであっても必ず計量器で計量しなければならな
い。

解 説

(1) セメント，骨材，水，混和材量は別々の計量器で計量しなければなら
ない。

(2) 細骨材と粗骨材は累加計量してもよい。

(3) 記述のとおりである。

(4) 混和材で袋詰めのものは，購入者の承認があれば袋の数で計量してよい。

解答(3)

【問題 2】
　コンクリートの製造に関する次の記述のうち，正しいものを答えよ。
(1) 混和材で袋詰めのもので，一袋未満のものでも袋単位で計量してよい。
(2) 水，混和剤は質量で計量しても容積で計量してもよい。
(3) 水は混和剤と一緒に累加計量してはならない。
(4) 水と骨材は同じ計量器で計量してもよい。

解　説
(1) 混和材で袋詰めのものであれば，一袋未満のものは質量で計量しなければならない。
(2) 記述のとおりである。
(3) 水はあらかじめ計量してある混和剤と一緒に累加して計量してもよい。
(4) 水と骨材は同じ計量器で計量してはならない。

解答(2)

【問題 3】
　下表は，コンクリート製造時の材料計量における，目標とする 1 回計量分量，実際に計量された計量値を示したものである。計量誤差の許容規定に照らし合わせて，合格である材料の組合せとして正しいものを答えよ。

材料の種類	水	セメント	細骨材	粗骨材	混和材 （高炉スラク微粉末）	混和剤
目標とする計量値 (kg)	150	300	780	990	60	3.0
実際の計量値 (kg)	152	304	757	968	61	2.95

(1) セメント，粗骨材，混和材

(2) 水，セメント

(3) 細骨材，粗骨材，混和剤

(4) 水，細骨材，混和剤

解　説

材料ごとに許容計量誤差を計算し，許容内かどうかを判定する。

各材料の許容誤差は，目標とする質量の，水：±1%，セメント：±1%，細骨材±3%，粗骨材：±3%，高炉スラグ微粉末：±1%，混和剤：±3，である。

混和材の許容誤差は±2%であるが，その中で，高炉スラグ微粉末だけは±1%であることに注意する。

水：$150 \times (\pm 1/100) = \pm 1.5$

　　$150 \pm 1.5 = 148.5 \sim 151.5$　　152 kg は NG となる。

セメント：$300 \times (\pm 1/100) = \pm 3.0$

　　$300 \pm 3.0 = 297.0 \sim 303.0$　　304 kg は NG となる。

細骨材：$780 \times (\pm 3/100) = \pm 23.4$

　　$780 \pm 23.4 = 756.6 \sim 803.4$　　757 kg は OK となる。

粗骨材：$990 \times (\pm 3/100) = \pm 29.7$

　　$990 \pm 29.7 = 960.3 \sim 1019.7$　　968 kg は OK となる。

高炉スラグ微粉末：$60 \times (\pm 1/100) = \pm 0.6$

　　$60 \pm 0.6 = 59.4 \sim 60.6$　　61 kg は NG となる。

混和剤：$3.0 \times (\pm 3/100) = \pm 0.09$

　　$3.0 \pm 0.09 = 2.91 \sim 3.09$　　2.95 kg は OK となる。

解答(3)

練習問題

【問題4】

コンクリート材料の貯蔵に関する次の記述のうち，正しいものを答えよ。

(1) 袋詰めセメントは10 cm 以上の床の上に積み重ねるのがよい。

(2) 貯蔵中に少しでも固まったセメントは必ず，叩き砕いて使用しなければならない。

(3)　骨材の貯蔵設備の床は水が漏れない密閉された構造でなければならない。

(4)　骨材の貯蔵設備の容量は，1日最大使用量以上でなければならない。

解　説

(1)　袋詰めセメントは30 cm 以上の床の上に積み重ねるのがよい。

(2)　貯蔵中に少しでも固まったセメントは使用してはならない。

(3)　骨材の貯蔵設備の床は排水できる構造とする。

(4)　記述のとおりである。

解答(4)

【問題5】

　コンクリートの製造時の練混ぜに関する次の記述のうち，誤っているものを答えよ。

(1)　材料をミキサに投入する順序は，ミキサの形式，練混ぜ時間，骨材の種類および粒度，配合，混和材料の種類などによって相違する。

(2)　一般的に，水は他の材料より先に入れ始め，他の材料の投入が終わって，少し経ってから水の投入を終えるようにする。

(3)　コンクリート標準示方書では材料の投入順序をあらかじめ定めておかなければならない，と規定されている。また，JIS A 1119による試験，強度試験，ブリーディング試験等の結果または実績を参考にして定めるのがよいとしている。

(4)　練混ぜ能力は，重力式ミキサのほうが強制練りミキサより大きいので短時間でよい。

解　説

(1)(2)(3)　記述のとおりである。

(4)　強制練りミキサのほうが重力式ミキサより大きい。

解答(4)

【問題6】

　コンクリートの製造時の練混ぜに関する次の記述のうち，正しいものを答

えよ。
- (1) 練混ぜ時間が短すぎると圧縮強度は大きくなる。
- (2) 練混ぜ時間が短すぎると空気量は少なくなる。
- (3) コンクリート標準示方書では，練混ぜ時間の試験を行わない場合は，その最小時間を重力式ミキサで2分30秒，強制練りミキサで1分30秒を標準としてよいとしている。
- (4) スランプの小さいコンクリートは固い状態に仕上げるため，通常より練混ぜ時間を短く設定する。

解　説

- (1) 練混ぜ時間が短すぎると圧縮強度は小さくなる。
- (2) 記述のとおりである。
- (3) 練混ぜ時間の試験を行わない場合は，その最小時間を重力式ミキサで1分30秒，強制練りミキサで1分を標準としてよいとしている。
- (4) スランプの小さいコンクリートは固くて練り混ぜにくいので練混ぜ時間を長くするのがよい。

解答(2)

【問題7】
コンクリートの製造に関する次の記述のうち，正しいものを答えよ。
- (1) スランプは練混ぜ時間を長くすればするほど大きくなる。
- (2) 空気量は練混ぜ時間が長すぎると増加する。
- (3) 高強度コンクリートなどセメント量の多いコンクリートは練混ぜ時間を長くするのがよい。
- (4) 練混ぜ時間が短すぎると，圧縮強度は大きくなる傾向がある。

解　説

- (1) コンクリートをある程度練り混ぜると，所定のスランプが得られ，それ以上撹拌してもあまり変化しない。
- (2) 空気量は練混ぜ時間が長すぎると減少する。
- (3) 記述のとおりである。

(4) 練混ぜ時間が短すぎると，均一なコンクリートにならないため，圧縮
強度が小さくなる。

解答(3)

【問題 8 】

コンクリートの製造時の骨材管理に関する次の記述のうち，正しいものを
答えよ。
(1) 細骨材の管理として粗粒率を求めるためのふるい分け試験は 1 日 2 回
以上行う。
(2) 細骨材の管理として表面水率試験は 1 日 1 回以上行う。
(3) 粗骨材の表面水率試験は 1 日 1 回以上とされている。
(4) 人工軽量細骨材，人工軽量粗骨材の含水率は使用の都度，試験するこ
ととされている。

解　説

(1) 細骨材の管理として粗粒率を求めるためのふるい分け試験は 1 日 1 回
以上行う。
(2) 細骨材の管理として表面水率試験は 1 日 2 回以上行う。
(3) 粗骨材の表面水率試験は必要の都度とされている。
(4) 記述のとおりである。

解答(4)

【問題 9 】

コンクリートの検査に関する次の記述のうち，正しいものを答えよ。
呼び方が「普通　24　12　20　BB」であるレディーミクストコンクリー
トのスランプの試験結果として合格となるのはどれか。
(1) 20 cm
(2) 18 cm
(3) 14.5 cm
(4) 9.0 cm

　呼び方が「普通　24　12　20　BB」であれば，設定されたスランプは12 cm である。スランプが 8 以上18以下の場合の許容差は2.5 cm であるので，許容値は12±2.5 cm＝9.5～14.5 cm となる。選択肢の中で許容値に収まるのは(3)である。

解答(3)

【問題10】

　コンクリートの検査に関する次の記述のうち，正しいものを答えよ。

　呼び方が「普通　21　8　20　N」であるレディーミクストコンクリートのスランプの試験結果として不合格となるのはどれか。

(1)　9.0 cm

(2)　7.5 cm

(3)　6.0 cm

(4)　4.5 cm

　呼び方が「普通　21　8　20　N」であれば，設定されたスランプは 8 cm である。スランプが 8 以上18以下の場合の許容差は2.5 cm であるので，許容値は 8 ±2.5 cm＝5.5～10.5 cm となる。選択肢の中で許容値に収まらないのは(4)である。

解答(4)

【問題11】

　コンクリートの検査に関する次の記述のうち，正しいものを答えよ。

　呼び方が「普通　21　8　20　N」であるレディーミクストコンクリートの空気量の試験結果として不合格となるのはどれか。

(1)　1.5%

(2)　3.0%

(3)　4.5%

(4)　6.0%

呼び方が「普通　21　8　20　N」は普通コンクリートなので，設定された空気量は4.5%であり，許容差は±1.5%である。したがって，許容値は3.0〜6.0%となる。選択肢の中で許容値に収まらないのは(1)である。

解答(1)

【問題12】

コンクリートの検査に関する次の記述のうち，正しいものを答えよ。

呼び方が「普通　24　12　20　BB」であるレディーミクストコンクリートの塩化物含有量試験結果として合格となるのはどれか。

(1)　0.27 kg/m³

(2)　0.35 kg/m³

(3)　0.40 kg/m³

(4)　0.45 kg/m³

解　説

塩化物イオン量は0.3 kg/m³以下でなければならない。

解答(1)

【問題13】

下表は呼び強度24 N/mm²のレディーミクストコンクリートの強度試験の結果である。それぞれの試験結果の合否の組合せとして正しいものを答えよ。

| | 3個の供試体の圧縮強度の平均値（N/mm²） | | | 判定 |
	1回目	2回目	3回目	
結果1	24.8	21.5	27.2	イ
結果2	23.1	21.2	25.3	ロ
結果3	27.4	19.8	24.6	ハ

	イ	ロ	ハ
(1)	合格	不合格	不合格
(2)	合格	合格	合格
(3)	不合格	不合格	合格
(4)	不合格	合格	不合格

解　説

圧縮強度は，

(a)　1回の試験結果は，購入者が指定した呼び強度の値の85％以上

(b)　3回の試験結果の平均値は，購入者が指定した呼び強度の値以上

でなければならない。よって $24.0\,\text{N/mm}^2 \times 0.85 = 20.4\,\text{N/mm}^2$，かつ，平均値が $24.0\,\text{N/mm}^2$ 以上が「合格」となる。

イ）試験結果1

1回の試験結果が，全て $20.4\,\text{N/mm}^2$ 以上。

3回の試験結果の平均値が，

$(24.8 + 21.5 + 27.2)\,/3 = 73.5/3 = 24.5\,\text{N/mm}^2 \geqq 24.0\,\text{N/mm}^2$ より「合格」

ロ）試験結果2

1回の試験結果が，全て $20.4\,\text{N/mm}^2$ 以上。

3回の試験結果の平均値が，

$(23.1 + 21.2 + 25.3)\,/3 = 23.2\,\text{N/mm}^2 < 24.0\,\text{N/mm}^2$ より「不合格」

ハ）試験結果3

1回の試験結果のうち2回目の $19.8\,\text{N/mm}^2$ が，$20.4\,\text{N/mm}^2$ 以下である。

「不合格」

解答(1)

【問題14】

購入者が生産者と協議の上，指定できる内容として誤っているものを答えよ。

(1)　単位セメント量の目標値の下限または上限

(2)　流動化コンクリートの流動化させたスランプ値

(3)　単位水量の目標値の上限

(4)　アルカリシリカ反応抑制対策の方法

(1)　記述のとおりである。

(2)　流動化した後のスランプではなく，流動化する前のレディミクストコンクリートからのスランプ増大量なので誤りである。

(3)　記述のとおり正しい。単位水量が多すぎるとコンクリートの強度が小さくなり，耐久性も低下するので上限値が定められている。

(4)　記述のとおりである。

解答(2)

【問題15】

　レディーミクストコンクリートに関する記述として誤っているものはどれか。

(1)　セメント，骨材，水，混和材料を，それぞれ別の計量器によって計量した。ただし，混和材料のうち混和剤はあらかじめ計量して，水を累加して計量した。

(2)　輸送距離が長く輸送に時間を要するので，あらかじめ計量しておいた水を打設現場でアジテータ車に投入し，十分に練混ぜを行った。

(3)　フレッシュコンクリート中の塩化物含有量は，輸送によって変化しないので，出荷時に工場で測定した。

(4)　骨材の計量時，砕砂と砕石を累加して計量した。

解　説

(2)　レディーミクストコンクリートは固定ミキサで，工場内で均一に練り混ぜなければならない。したがって誤っている。

(1)(3)(4)　いずれも認められている。

解答(2)

第 6 章

施 工

　コンクリート工場で製造されたコンクリートは建設現場に運搬され，型枠に打ち込まれます。運搬，打込み，締固め，養生，仕上げ，継目，型枠工，鉄筋工などの施工上の基準について学びます。

6-1 運 搬

（1）工事から現場までの運搬等

　練り混ぜを開始してから荷卸地点到着までの時間の限度は JIS で1.5時間，練混ぜから打終了までの時間の限度はコンクリート標準示方書，JASS5で下記のように設定されています。ただし，JASS5では高流動コンクリートおよび高強度コンクリートについては120分としています。

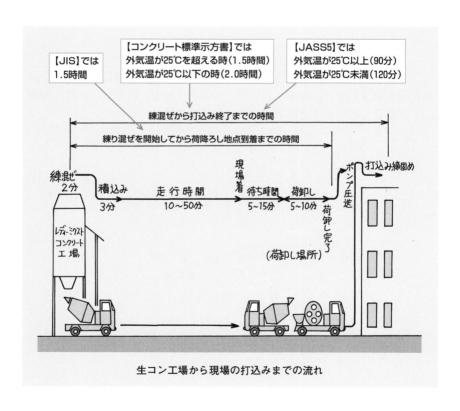

生コン工場から現場の打込みまでの流れ

●トラックアジテータ

・通常は生コン工場から現場まではトラックアジテータが用いられる。（通称生コン車，ミキサー車）
・JISでは積荷のおよそ1/4から3/4のところから個々に資料を採取してスランプ試験を行い，両者のスランプの差が**3 cm以内**となるようなかくはん性能を持つように規定している。

●ダンプトラック

・舗装コンクリートや振動ローラ締固め工法に用いられるコンクリートのように，**硬練りコンクリート**を運搬する場合に使用する。
・JISではスランプ**2.5 cm**の舗装コンクリートの運搬に限り使用できるとしている。

6 - 1

運

搬

（2）コンクリートポンプ打設

コンクリートポンプとはコンクリートを機械的に押し出し，輸送管を通して連続的に運搬する装置です。

運搬距離の目安：**水平方向では500 m，垂直方向では**120 m 程度。**運搬量：20～70 m³/h** 程度。**硬練りコンクリート，軟練りコンクリート**いずれでも使われています。

① コンクリートポンプの種類

1）ピストン式

油圧シリンダーにつながったコンクリートピストンを押し引きしてコンクリートを送り出す仕組みです。油圧ポンプが大容量で高い吐出力を持つので，長距離の圧送が可能となります。**粘性の高い，高強度コンクリートの圧送にはスクイーズ式よりもピストン式のほうが適しています。**

2）スクイーズ式

ホッパーの回転でコンクリートを送り出す方式です。**ピストン式と比較して小規模**で軟練りのコンクリート圧送に適しています。

〈施工全般〉

- ・配管径，コンクリートの種類，粗骨材の最大寸法，ポンプ車の機種，圧送条件，安全性を考慮して施工計画を検討する。
- ・圧送は**連続的**に行い，できるだけ中断しないようにする（閉塞防止のため）。
- ・圧送に先がけて，ポンプ車の配管内に**モルタルを圧送**し，コンクリート圧送中に配管内にコンクリートの付着を少なくする（閉塞防止のため）。
- ・特殊コンクリート圧送（高流動コンクリート，水中不分離コンクリート），高所圧送，低所圧送，長距離圧送，暑中・寒中コンクリートは，ポンプ車の性能（圧送負荷），配管径，圧送後のコンクリートの性状について検討する。
- ・**下向きの配管**で圧送する場合，材料分離が生じやすいので，**上向きの配管に比べて閉塞しやすい。**
- ・**長距離圧送**では，**スランプが低下**しやすい。

〈圧送負荷〉

- ・ポンプの機種は，圧送能力が，ポンプにかかる**最大圧送負荷よりも大きくなる**ように選定する。**最大圧送負荷**の算定にあたっては，**水平管1mあたりの管内圧力損失量に水平換算距離を掛けて算出**する。上向き垂直管，テーパ管（円錐台状の太さを変化させる管），ベント管（曲がり管），フレキシブルホース，径の大きさによって水平換算長さが異なる。
- ・時間当たりの**吐出量が多い**場合，水平管1m当たりの**管内圧力損失は大きくなる。**
- ・**管径が大きいほど**，圧送負荷は小さいが作業性は低下する。
- ・管径経路は短く，曲がりが少ないようにする。（閉塞防止のため）ベント管（曲がり管）が多いほど圧送負荷が大きくなり，閉塞しやすい。

〈材料面〉

- ・コンクリートの**スランプが小さいほど圧送負荷が大きくなり**，閉塞しやすい。
- ・**単位セメント量が少なくなる**と，材料分離を起こしやすいので閉塞しやすい。
- ・**細骨材率が低すぎる場合**などでは，流動性が低下

閉塞を起こしやすい条件を理解しよう。

するので閉塞を起こしやすい。

・粗骨材に砕石を用いる場合は，**細骨材率を高くする**必要がある。

6－1

運

搬

例題

　図に示すような配管によってコンクリートをポンプ圧送する場合，コンクリートポンプに加わる最大圧送負荷を求めよ。ただし，最大圧送負荷の計算は水平換算距離による方法で行うこととし，輸送管の呼び寸法は125 A（5B），圧送するコンクリートの水平管１m当たりの管内圧力損失は0.01 N/mm²，および各配管の水平換算長さは次に示した表によるものとする。

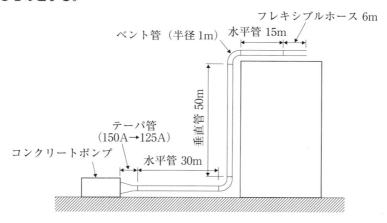

水平換算長さ

項目	単位	呼び寸法	水平換算長さ (m)
上向き垂直管	１m当り	100A（4B）	3
		125A（5B）	4
		150A（6B）	5
テーパ管	１本当り	150A →125A	3
ベント管	１本当り	90°r=1.0m	6
フレキシブルホース	５から８のもの１本		20

　水平換算距離を求め，水平管1m当たりの管内圧力損失を掛けて求める。

　水平換算距離＝（テーパー管）＋（水平管：30m）＋（ベント管）
　　　　　　　　＋（垂直管：50m）＋（ベント管）＋（水平管：15
　　　　　　　　m）＋（フレキシブルホース：6m）
　　　　　　＝3＋30＋6＋（4×50）＋6＋15＋20
　　　　　　＝280m

これに水平管1m当たりの管内圧力損失$0.01 \, \text{N/mm}^2$を掛ける。

最大圧送負荷＝280×0.01＝$2.8 \, \text{N/mm}^2$（答）

（2）シュートによるコンクリートの打込み

　シュートには，縦シュートと斜めシュートがあります（下図参考）。高所からコンクリートを降ろす際，バケットを直接用いることができない場合に縦シュートを用います。**斜めシュートを用いた運搬は材料分離を起こしやすいのでできるだけ使用しない。**

運搬距離の目安：**5〜20m**。

運搬量：10〜50 m³/h 程度。

　受入れ検査に合格したコンクリートを高所から打設現場におろす作業を，斜めシュートを用いて始めたところ，コンクリートが材料分離を起こしています。この場合，考えられるコンクリートの材料分離の原因とその対応策は以下のとおりです。

材料分離の原因と対応策

	考えられる材料分離の原因	対応策
①	シュートを用いる場合は，**縦シュートを原則**とするが，斜めシュートを用いたため材料分離が生じた。	やむを得ず斜めシュートを用いる場合は，シュートの吐き口に適当な**漏斗管**か**バッフルプレート**を取付ける。
②	シュートの下端とコンクリート打込み面との距離が大きすぎたので材料分離が生じた。	縦シュートの下端とコンクリート打込み面との距離は**1.5m以下**とする。

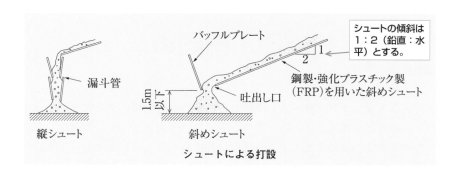
シュートによる打設

（3）コンクリートバケット

　下部が開閉できる桶状の容器にコンクリートを入れ，クレーンで打ち込み箇所へ吊り込んで，そこで，下部を開いてコンクリートを型枠内に落とし込む方法です。直接，打設箇所まで運搬するので，**分離が生じにくく，ダムの硬練りコンクリート**や**高層建築物の高所**への運搬に用いられます。

運搬距離の目安：**10〜50 m**。

運搬量：**15〜20 m³/h** 程度。

（4）ベルトコンベヤ

　ベルトコンベヤにコンクリートを載せて，打設箇所まで運ぶ方法です。

・**硬練りコンクリートを水平方向**に連続して運搬するのに適している。軟練りコンクリートには適さない。

・ベルトの**端部**には**バッフルプレート**と**漏斗管**を設けて，材料分離を防ぐ。

運搬距離の目安：**5 〜100 m**。

運搬量：**5 〜20 m³/h** 程度。

6-2 打込み・締固め

　打込みとは，コンクリートを型枠など所定の場所に投入することです。また，締固めとは投入されたコンクリートに振動や突きを与え，隙間なく密実なものとする作業のことです。打込み・締固めのことを打設といいます。

（1）コンクリートの打込み作業の留意点
・コンクリートの打込み作業に当たっては，鉄筋の配置や型枠を乱さない。
・打込んだコンクリートは，型枠内で**横移動させてはならない**。
・打込み中に著しい材料分離が認められた場合には，材料分離を防止する手段を講じる。
・一区画内のコンクリートは，打込みが完了するまで**連続して打込む**。
・コンクリートは，その表面が一区画内でほぼ**水平**になるように打つ。
・型枠が高い場合には，材料の分離を防ぎ，上部の鉄筋又は型枠にコンクリートが付着して硬化するのを防ぐため，**型枠に投入口**（打設用の窓。打ち上がりとともに，蓋をする）を設けるか，**縦シュート**あるいはポンプ配管の吐出口を**打込み面近くまで下げて**打込む。
・打込み中，表面にブリーディング水がある場合は，取除いて打込む。
・壁又は柱のような高さが大きいコンクリートを連続して打込む場合には，打込み及び締固めの際，ブリーディングの悪影響をできるだけ少なくするように，コンクリートの1回の打込み高さや打上り速度を調整する。
・柱とスラブ，柱と梁，壁とスラブの接続部は**連続して打ち込まない**ようにする。断面変化があると，コンクリートの沈降量に差が生じ，沈下ひび割れが生じやすい。したがって，柱や壁の上端部（梁の下，スラブの下）で一旦打ち止め，**1〜2時間**，沈降を待ってから梁またはスラブ部分を打設する。

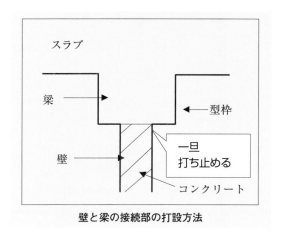

壁と梁の接続部の打設方法

・コンクリートの打込みの１層の高さは，内部振動機を考慮して**40 cm～50 cm** 以下とする。

・壁・柱等のような高さの高いコンクリートを打設する場合の打ち上がりの打設速度は，**30分につき1.0～1.5 m 程度**を標準とする。早く打ち上げると，型枠がコンクリートの液圧に耐え切れなくなって崩壊する場合がある。

・練混ぜから打設完了までの時間は25℃を超える時は，1.5時間，25℃以下の場合は２時間を超えないようにする。

（２）締固め

①コンクリートを打込んだ後，内部の空隙を少なくし，密実なコンクリートとするために振動機（バイブレータ）等を用いて，締固めを十分行わなければならない。

②コンクリートを２層以上に分けて打込む場合，上層のコンクリートの打込みは，原則として**下層のコンクリートが固まり始める前に行い**，上層と下層が一体となるように入念に施工する（コールドジョイントの防止）。

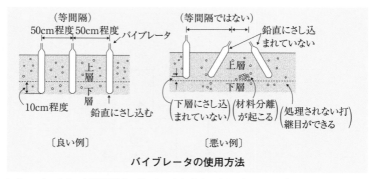

バイブレータの使用方法

〔良い例〕　　　　　　　　　　　　　〔悪い例〕

（等間隔）
50cm程度 50cm程度 バイブレータ
上層
下層
10cm程度　鉛直にさし込む

（等間隔ではない）
鉛直にさし込まれていない
上層
下層
下層にさし込まれていない｜材料分離が起こる｜処理されない打継目ができる

　なお，打重ね時間間隔の限度（許容打重ね時間間隔）は下記のとおりです。

許容打重ね時間間隔

コンクリート標準示方書	外気温25℃以下の場合 150分	外気温25℃を超える場合 120分
JASS5	外気温25℃未満の場合 150分	外気温25℃以上の場合 120分

25℃と150分，120分を覚える。

例）外気温が30℃，１層目（下層）打設終了が10：00の場合，２層目（上層）の打設は120分以内，つまり12：00までには開始しなければならない。

　コンクリート温度が高い場合やコンクリート表面に風が当たる場合は許容打重ね時間間隔を短くするのがよい。

　③棒状振動機（バイブレータ）を**下層のコンクリートに10 cm 程度挿入**する。

　④棒状振動機（バイブレータ）の引き抜きは後に穴が残らないよう徐々に行う。

　⑤棒状振動機（バイブレータ）は**鉛直に挿入**する。

　⑥棒状振動機（バイブレータ）は一般に**50 cm 以下**（コンクリート標準示方書では50 cm 以下，JASS5では普通コンクリートの場合60 cm 以下）**の間隔に挿入する。**

　⑦内部振動機の１箇所当たりの振動時間は，５〜15秒とする。振動時間が

長すぎると分離するので注意が必要である。スランプの大きいコンクリートほど流動性が高いので締固め時間は短くなる。

⑧棒状振動機（バイブレータ）は，**振動数が大きいものほど締固め効果が高い**。

⑨コンクリート打設の際，棒状振動機（バイブレータ）を用いて，コンクリートを水平方向に**横流ししてはならない**（横流しすると材料分離が生じるため）。

⑩**コールドジョイントを防止**するためには，上層の打重ねのタイミングは，**下層のコンクリートの凝結の始発時間以前**でなければならない。

（3）用　語

①　コールドジョイント

先に打ち込んだコンクリートと後から打ち込んだコンクリートとの間で完全に**一体化されていない打重ね面**のこと。下層打設後，上層を打重ねるまでの時間をあらかじめ計画しておくことが必要である。

②　ブリーディング

コンクリート打設後，**コンクリートから分離した水分が表面に上昇してくる現象**。ブリーディング水はコンクリートの品質に悪影響を及ぼすため，極力少なくすることが必要である。ブリーディングを少なくする方法は

・単位水量を作業に支障のない範囲でできるだけ小さくする。
・AE 剤や AE 減水剤を使用する。
・よい粒度の骨材を使用する。

6-3 養生・仕上げ

（1）コンクリートの養生

コンクリートの養生とは，打設後の一定期間，適切な温度と湿度を保ち，また有害な振動・衝撃・荷重から保護することをいいます。

〈留意点〉

・コンクリートは打込み後，硬化を始めるまで，**日光の直射，風**等による水分の逸散を防ぐ（露出面を保護すること）。**急激な水分の逸散**はコンクリート表面にひび割れを発生させる。

・**表面を乱さないで作業ができる程度に硬化したら**，コンクリートの露出面は養生用マット，布等をぬらしたもので覆うか，又は散水，湛水を行い，**湿潤状態（湿潤養生）**に保つ。

・せき板（型枠）が乾燥するおそれのあるときは，これを**散水**する。

・膜養生を行う場合には，十分な量の膜養生剤（水分の蒸発を防ぐ効果）を適切な時期に，均一に散布する。湿潤養生には，水中・湛水・散水・湿布（養生マット・ムシロ）・湿砂膜養生などがある。

・コンクリートの硬化中は所定の温度に保つ。

・十分硬化するまで衝撃，荷重を加えない。

・**初期養生温度が高いと，初期強度は高いが，長期強度は増進しにくい。**長期強度の伸びはコンクリート養生温度を低く保持すれば大きく，養生温度を高くすると長期強度の伸びは小さい。

・**初期養生期間が短いほど，コンクリートの耐久性は低下する。**

・低熱ポルトランドセメントの養生は，普通ポルトランドセメントの場合よりも**長く**する。

・マスコンの養生において，**表面に冷水を散水するなど表面温度を下げること**は，内部拘束による**温度ひび割れ**（内部が高温で表面が低温による温度差で膨張率が異なり，ひび割れが生じる）を**助長**するので避けること。マスコンの養生では，急激な温度低下を避けるために，必要に応じて**断熱性のよい材料**（発砲スチロール，シートなど）で**保温**することも検討する。

・養生期間について，JASS5，コンクリート標準示方書それぞれで規定がある。以下にコンクリート標準示方書の規定を示します。

養生期間

日平均気温	普通ポルトランドセメント	混合セメントB種	早強ポルトランドセメント
15℃以上	**5日**	**7日**	**3日**
10℃以上	7日	9日	4日
5℃以上	9日	12日	5日

気温によって養生期間が異なる。

・混合セメントB種には高炉セメントB種，シリカセメントB種，フライアッシュセメントB種などがある。

・**早強ポルトランドセメント，普通ポルトランドセメント，混合セメントB種の順に湿潤養生期間が長くなる。**

（2）コンクリート養生の目的

・コンクリートの水和反応（セメントと水の反応）を促進し，十分な強度を発現させる。

・コンクリートに有害なひび割れを生じさせないようにする。

・コンクリートの耐久性・水密性を高める。

（3）仕上げ

　コンクリートの表面仕上げは外観を美しくしたり，**構造物の耐久性，水密性を増す**ために行います。

〈留意点〉
- ・表面仕上げは表面に浮き出てくる**ブリーディング水などを処理した後**で行うのがよい。
- ・コンクリートが固まり始めるまでに発生したひび割れは**タンピング**（表面をたたくこと）または**再仕上げ**によって取り除かなければならない。
- ・コンクリート天端（底版，床版などの表面）では水平鉄筋の周りのコンクリートが沈下し，**沈下ひび割れ**が生じる場合が多い。それらを**タンピングなどで取り除く**。
- ・タンピングをコンクリートの**凝結が進行した後**に行うのは，かえって品質を劣化させるのでよくない。
- ・金ごて仕上げを入念にやりすぎると，表面にセメントが集まりすぎて**収縮ひび割れ**の原因となる。

6-4 継 目

（1）打継目

- 打継目は，できるだけ**せん断力の小さい場所**に設け，打継面を部材の圧縮力の作用する方向に直角にするのを原則とする。一般に，梁，床では**スパンの中央付近**に，柱，壁では**床または基礎の上端**に設ける。
- せん断力の大きな位置に打継目を設ける場合には，打継目に**ほぞまたは溝**を造るか，適切な鋼材を配置して補強する。
- 打継目の計画にあたっては，セメントの水和熱，外気温の変動による温度変化，乾燥収縮等によるひび割れの発生についても考慮する。
- 設計で定められた継目位置および構造を厳守する。
- 設計で定められていないコンクリートの打継目の位置は，強度，耐久性，水密性，外観を害さないように選定する。

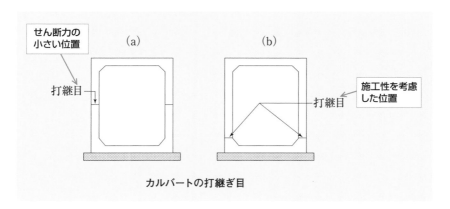

せん断力の
小さい位置

(a)

(b)

打継目

施工性を考慮
した位置

打継目

カルバートの打継ぎ目

（2）水平打継目

・水平打継目は，できるだけ水平になるようにし，旧コンクリート表面の**レイタンスを除去**し，緩んだ骨材を取除き，骨材を洗い出し（グリーンカット），**十分吸水**させる。

・コンクリートを打ち継ぐ前に型枠の締め直しなどの点検をする。

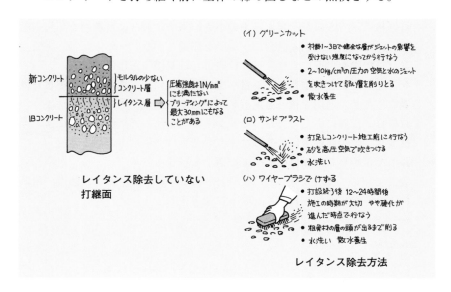

（3）鉛直打継目

- ・鉛直打継目の型枠に金網などを用いて行う場合は，金網を鉄筋等で強固に支持する。
- ・旧コンクリート打継面は，ワイヤーブラシで表面を削るか，チッピング等により**これを粗にして十分吸水**させ，**セメントペースト，モルタル，湿潤面用エポキシ樹脂**などを塗布した後，新コンクリートを打継ぐ。
- ・新コンクリートを打込み後は，適当な時期に打継目付近に**再振動締固め**を行うのが良い。

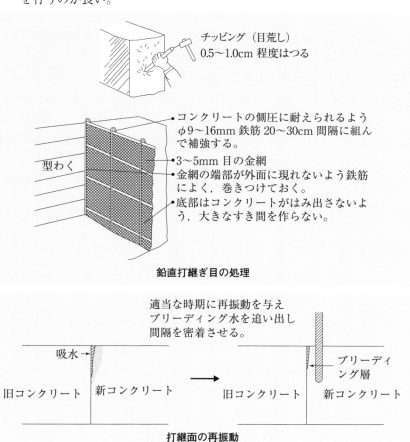

チッピング（目荒し）
0.5〜1.0cm 程度はつる

- ・コンクリートの側圧に耐えられるよう φ9〜16mm 鉄筋 20〜30cm 間隔に組んで補強する。
- ・3〜5mm 目の金網
- ・金網の端部が外面に現れないよう鉄筋によく，巻きつけておく。
- ・底部はコンクリートがはみ出さないよう，大きなすき間を作らない。

型わく

鉛直打継ぎ目の処理

適当な時期に再振動を与え
ブリーディング水を追い出し
間隔を密着させる。

吸水→

旧コンクリート　新コンクリート　　→　　旧コンクリート　新コンクリート

ブリーディング層

打継面の再振動

（1）型枠および型枠支保工

① 部　材

- せき板は，木製，合板，鋼製（メタルフォーム），FRP（強化プラスチック）製の板で，構造物の形状に組み立てる部材である。一般に合板と鋼製（メタルフォーム）がよく用いられる。合板型枠は鋼製型枠と比較すると転用できる回数（繰り返し使用できる回数）は少ない。
- 特殊な型枠として透水性型枠工法，スリップフォーム工法などがある。

[透水性型枠工法]：**透水性材料（透水性の織布や吸水シート）をせき板に取り付ける**ことにより，コンクリート中の余剰水や気泡を型枠外に排出する。それにより，**コンクリート表面の強度の上昇，耐久性の向上**が図れる。

[スリップフォーム工法]：高橋脚，塔状構造物，水路のような**同じ断面形状の構造物**を構築するにあたり，型枠をスライドさせながら施工する工法である。

[締付け金物]：せき板，セパレータ，端太を固定する部材である。

[セパレータ]：せき板を**所定の間隔（壁の厚さなど）に保つ**ためのものである。

[端　太]：壁型枠の変形を防止するために用いられる，単管パイプ，角パイプ，角材などである。

[根　太]：スラブ型枠の変形を防止するために，スラブ型枠の下に並べられる角パイプなどの部材である。

[大引き]：根太の下に配置される部材で，スラブコンクリートの重量を型枠支保工の支柱に伝達する役割がある。

[水平つなぎ]：パイプサポートなどの**支柱の座屈（荷重に耐え切れなく

なって変形すること）**防止**および支柱の固定の役割がある。

② **留意点**

・型枠を締付けるには，ボルトまたは棒鋼を用いることを標準とする。
・コンクリートが型枠に付着するのを防ぐとともに，型枠の取り外しを容易にするために，せき板内面には，**はく離剤を塗布**する。
・コンクリートを打ち込む前及び打ち込み中に，型枠の寸法及び不具合の有無を管理する。
・打設中は，型枠のはらみ，モルタル漏れ，移動，傾き，沈下，接続部の緩み等を管理する。**スパンの大きいスラブや梁**を設計図通りに造るには，コンクリートの自重による変形量を考慮し，支保工に**上げ越し（むくり）をつける**とよい。
・支保工の施工については，基礎地盤を整地し，所要の**支持力が得られる**ように，また不等沈下などを生じないように，必要に応じて地盤改良等を行う。

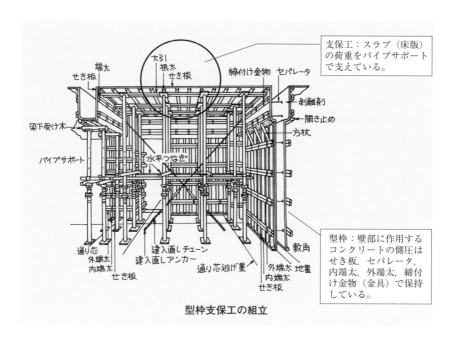

型枠支保工の組立

図中ラベル：端太，せき板，大引，根太，せき板，締付け金物，セパレータ，梁下受け木，パイプサポート，水平つなぎ，通り芯，外端太，内端太，せき板，建入直しチェーン，建入直しアンカー，通り芯逃げ墨，外端太，内端太，せき板，敷角，地墨，剥離剤，開き止め，方杖

支保工：スラブ（床版）の荷重をパイプサポートで支えている。

型枠：壁部に作用するコンクリートの側圧はせき板，セパレータ，内端太，外端太，締付け金物（金具）で保持している。

6－5

型枠および型枠支保工

（2）型枠・支保工の取りはずし

① 時　期

・型枠及び支保工は，コンクリートがその自重及び施工中に加わる荷重を受けるのに**必要な強度に達するまで，取りはずしてはならない。**
・型枠及び支保工の取りはずし時期及び順序については，セメントの種類，コンクリートの配合，構造物の種類とその重要度，部材の種類及び大きさ，部材の受ける荷重，気温，天候，風通し等を考慮して定める。

せき板の存置期間を定めるためのコンクリートの圧縮強度および材齢〔JASS 5〕

セメントの種類		基礎・梁側・柱および壁		
		早強ポルトランドセメント	普通ポルトランドセメント 高炉セメントA種 シリカセメントA種 フライアッシュセメントA種	高炉セメントB種 シリカセメントB種 フライアッシュセメントB種
コンクリートの圧縮強度		短期および標準　　5N/mm²以上 長期および超長期　10N/mm²以上		
コンクリートの材齢（日）	平均気温20℃以上	2	4	5
	平均気温10℃以上20℃未満	3	6	8

注：1）　スラブ下および梁下のせき板は原則として支保工を取り出した後に取り外す。
　　2）　支保工の存置期間は，スラブ下，梁下ともに設計基準強度の100％以上のコンクリート強度の確認が原則。

型枠および支保工を取り外してよい時期のコンクリート圧縮強度の参考値［コンクリート標準示方書］

部材面の種類	例	コンクリートの圧縮強度（N/mm²）
厚い部材の鉛直または鉛直に近い面，傾いた上面，小さいアーチの外面	フーチングの側面	3.5
薄い部材の鉛直または鉛直に近い面，45°より怠な傾きの下面，小さいアーチの内面	柱，壁，はりの側面	5.0
橋，建物などのスラブおよびはり，45°より緩い傾きの下面	スラブ，はりの底面，アーチの内面	14.0

・JASS5では，**せき板の存置期間**（型枠を取り外してよい時期）は使用セメントによって異なり，**短い方から，早強ポルトランドセメント，普通ポルトランドセメント，高炉セメントB種**の順である。
・JASS5では，**平均気温が高い時の方が，せき板の存置期間は短い**（気温

が高い方が，硬化が早い)

- コンクリート標準示方書では，型枠および型枠支保工の取り外してよい時期の参考値として，コンクリートの圧縮強度が次の値に達した時としている。**フーチングの側面は3.5 N/mm²，柱・壁・はりの側面は5.0 N/mm²，スラブ・はりの底面・アーチの内面は14.0 N/mm²。**

② 順　序

- 型枠を取りはずす順序は，比較的荷重を受けない部分をまず取りはずし，その後残りの重要な部分を取りはずすものとする。
- 柱，壁等の鉛直部材の型枠は，スラブ，はり等の水平部材の型枠よりも**早く取りはずすのが原則**であり，はりの両側面の型枠は底板より早く撤去してよい。

(3) 荷　重

① 鉛直方向

　鉛直方向には，コンクリート，鉄筋，型枠材料，打設時の機器，足場，作業員の重量がかかる。その他にも資材の積上げや次工程にともなう施工荷重，打込みにともなう衝撃荷重がかかる。

② 水平方向

　厚生労働省産業安全研究所では，型枠の状況に応じて，**鉛直荷重の2.5%もしくは5.0%を水平方向荷重**とすることを推奨している。**支保工の倒壊事故は水平方向荷重が原因**である場合が多い。

　型枠がほぼ水平で現場合わせで支保工を組み立てる場合（パイプサポート，組立支柱支保工など）では型枠支保工に作用する水平荷重として，**鉛直方向荷重の5％**を見込む。

③ コンクリートの側圧

　型枠に作用するコンクリートの側圧（壁型枠などに作用する水平方向の圧力）はコンクリートの比重に高さを乗じた大きさで計算できるが，通常の液体と異なり，粘性があり，また，時間の経過とともに硬化するので，ある程度の深さを超えると，側圧は一定か減少する傾向がある（下図参照）。

　側圧が大きくなる条件として，コンクリートの温度が低い（硬化が遅くな

るため），スランプが大きい（流動性が大きいため），コンクリートの打込み
高さが高い，打ち上げ速度が速い，ことなどが挙げられる。

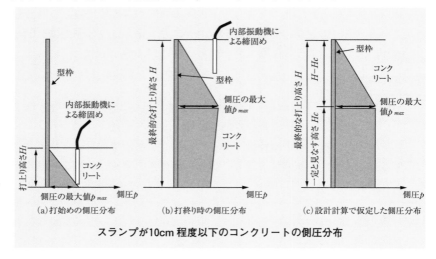

スランプが10cm程度以下のコンクリートの側圧分布

6-6 鉄筋工事

（1）鉄筋の加工・組立に関する留意点（「コンクリート標準示方書」による）

・鉄筋は，原則として**溶接してはならない**。やむを得ず溶接し，溶接した鉄筋を曲げ加工する場合には，**溶接した部分を避けて**曲げ加工する。

・鉄筋は**常温**で加工するのを原則とする。曲げ加工した鉄筋の曲げ戻しは，行わないのが良い。異形棒鋼の曲げ加工における折曲げ内半径は，鉄筋径に 2 ～ 3 倍（鉄筋種別により異なる）を乗じた値である。したがって，**鉄筋径が大きいほど，折曲げ内半径が大きくなる**。

・丸鋼，あばら筋（スターラップ）および帯筋の**末端部には必ずフック**をつける。

・鉄筋の交点の要所は，**直径0.8 mm 以上の焼なまし鉄線**又は適切なクリップで緊結しなければならない。

・型枠に接するスペーサは，**モルタル製あるいはコンクリート製**を使用することを原則とする。

・スペーサの数は，床版で 1 m² 当たり **4 個**程度，壁及び柱で 1 m²あたり **2 ～ 4 個**が一般的であり，床版では50 cm 間隔の千鳥で配置するのがよいとしている（コンクリート標準示方書による）。

・組立用鉄筋が必要と認めた場合は，設計図に示されていない箇所にも用いる。

・鉄筋は，設計図のかぶりを正しく確保するために，適切な間隔で，モルタル製またはコンクリート製のスペーサを使用することを原則とする。

・鉄筋は，組立てる前に清掃し，浮き錆び等コンクリートとの付着を害するものを取除く。

・鉄筋に付着して硬化したモルタルは，コンクリートとの付着を低下させるので，**ワイヤブラシで除去する**。

・組立終了後は，鉄筋の**本数，径，折り曲げ位置，継手位置及び継手長**等の検査を行う。

・打設によって，鉄筋が動かないように，打設前に再度，確認する。

スペーサの種類と使用上の注意事項

形状	適用箇所	使用上の注意
	床板下筋 柱，壁	・型枠に接する場合には，この種類のスペーサを用いることが望ましい。 ・本体コンクリートと同等以上の品質を有するものを使用する。 ・本体コンクリートと色調が異なる場合がある。
	柱，壁	

（2）鉄筋の継手

① 一般事項

　鉄筋は作業上あるいは製品上（長いもので12 m/本程度），つながずに1本で配置することができません。したがって，何らかの方法でつないでいく必要があります。そのつなぎ目を継手といいます。継手の種類には，重ね継手，ガス圧接継手，溶接継手，機械式継手などがあります。

② 重ね継手

　鉄筋を重ね合わせる方式です。**D32程度までの鉄筋**に用いられます。
　・鉄筋の**継手位置は**，できるだけ応力の大きい断面を避ける。
　・**鉄筋の直径が大きくなると，重ね継手の長さは長くする必要がある。**
　・継手は，同一断面に集中させず，**相互にずらす**。ずらす距離は，鉄筋の直径の25倍か断面高さのどちらか大きい方を加えた長さ以上を標準とする。

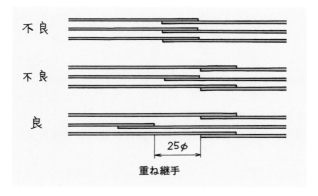

重ね継手

③ ガス圧接継手

端部を平坦に（塗料や錆びなど不純物も取り除く）仕上げた鉄筋を突き合わせ、圧力と火炎を加えながら接合する方法です。**D19～51の鉄筋**に用いられます。

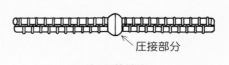

圧接部分

ガス圧接継手

- ガス圧接箇所は鉄筋の**直線部**とし、曲げ加工部およびその近傍は避けなければならない。
- 圧接を行う鉄筋は**同一種間**（鉄筋の種類とは SD295A や SD345などのことであり、鉄筋径のことではない）、または強度的に直近な種類間とする。鉄筋の種類が同じなら、異なる径どうしの圧接を行ってもよい。**（ただし、その径または呼び名の差が7mmを超える場合には原則として圧接しない）。**
  例）SD345の D29と SD345の D25は圧接可。SD345の D29と SD345の D19は圧接不可
- 圧接後、外観検査および切取試験片による破壊検査、超音波探傷試験などを実施する。

④ 機械式継手

鉄筋径より少し大きい内空を持つ筒状のカップラやスリーブと呼ばれる部材に、鉄筋を両側から差し込み、接続する継手方法です。

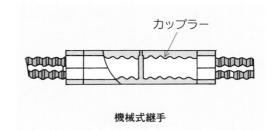

カップラー

機械式継手

- スリーブ圧着継手は異形鉄筋を差し込んだ鋼製スリーブを冷間圧着するものである。D16～51に使用実績がある。
- ねじ節鉄筋継手は鉄筋端部をねじ切りし、内側にねじ山加工されたカップラーに回転して差し込む方法である。D19～51に使用実績がある。
- モルタル充てん継手はスリーブにモルタルあるいは樹脂を充填して接合

する方法である。D16〜51に使用実績がある。

（3）「かぶり」「あき」

① 一般事項

　かぶり：**鉄筋表面からコンクリート表面までの最短距離**。この値が小さい
　　　　　と鉄筋が腐食する。

　あ　き：**平行な鉄筋の表面間距離の最小値**。

例題

⑴　下図は鉄筋コンクリート構造物の断面の一部である。鉄筋のかぶり
　を示すものは a，b，c のうちどれか。

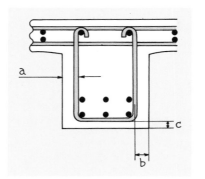

《解答》　C

⑵　下図は鉄筋コンクリート構造物の断面の一部である。鉄筋のあきを
　示すものは a，b，c のうちどれか。

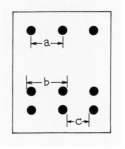

《解答》　C

② かぶり

　構造物の部位ごとに最小値が定められています。一般的な考え方として，地中に直接接する**基礎**など**が最も大きい**です。次に，橋脚，柱，壁，梁，スラブの順である。また，建築においては，**屋内より屋外**の部位のほうがかぶりは大きく確保する必要があります。水中で施工する構造物のかぶりは100mm 以上とします。

③ あ　き

　コンクリート標準示方書では，以下の規定があります。
・はりにおける軸方向鉄筋の水平あきは**20 mm 以上**，粗骨材の最大寸法の**4/3以上**，**鉄筋直径以上**とする。
・柱における軸方向鉄筋のあきは**40 mm 以上**，粗骨材の最大寸法の4/3以上，**鉄筋直径**の1.5倍以上としなければならない。

6－6

鉄筋工事

【問題1】

　コンクリートの運搬について JIS，コンクリート標準示方書，JASS5の規定に関する記述として，正しいものを答えよ。

(1)　練り混ぜから荷降ろしまでの時間の限度は JIS で100分である。

(2)　練り混ぜから打設終了までの時間は外気温が25℃を超える時は100分以内でなければならない。

(3)　練り混ぜから打設終了までの時間は外気温が25℃以下の時は120分以内でなければならない。

(4)　練り混ぜから打設終了までの時間は高流動コンクリートおよび高強度コンクリートについては150分としている。

> 解　説

(1)　練り混ぜから荷降ろしまでの時間の限度は JIS で1.5時間である。

(2)　コンクリート標準示方書によれば，練り混ぜから打設終了までの時間は外気温が25℃を超える時は1.5時間以内でなければならない。

(3)　コンクリート標準示方書によれば，練り混ぜから打設終了までの時間は外気温が25℃以下の時は2.0時間以内でなければならない。よって正しい。

(4)　練り混ぜから打設終了までの時間は高流動コンクリートおよび高強度コンクリートについては120分としている。

解答(3)

【問題2】

　コンクリートの運搬に関する記述として，誤っているものを答えよ。

(1)　トラックアジテータは，積荷のおよそ1/4から3/4のところから個々に資料を採取してスランプ試験を行い，両者のスランプの差が 3 cm 以内となるようなかくはん性能を持つように規定している。

(2)　ダンプトラックは舗装コンクリートや振動ローラ締固め工法に用いられるコンクリートのように，硬練りコンクリートを運搬する場合に使用

する。
(3) ダンプトラックは JIS ではスランプ2.5cm の舗装コンクリートの運搬に限り使用できるとしている。
(4) 高強度コンクリートの圧送にはピストン式よりもスクイーズ式のほうが適している。

解　説

(1)(2)(3)　記述のとおりである。
(4) 高強度コンクリートの圧送にはスクイーズ式よりもピストン式のほうが適している。

解答(4)

【問題3】

コンクリートのポンプ圧送に関する記述として，誤っているものを答えよ。
(1) 配管径，コンクリートの種類，粗骨材の最大寸法，ポンプ車の機種，圧送条件，安全性を考慮して施工計画を検討する。
(2) 圧送は閉塞防止のために断続的に適当な間隔をおいて行うようにする。
(3) 圧送に先がけて，ポンプ車の配管内にモルタルを圧送するのがよい。
(4) 高所圧送，低所圧送，長距離圧送，ではポンプ車の性能（圧送負荷），配管径，圧送後のコンクリートの性状について検討する。

解　説

(1) 記述のとおりである。
(2) 圧送は連続的に行い，できるだけ中断しないようにする。
(3) 記述のとおりである。
(4) 記述のとおりである。

解答(2)

練習問題

【問題4】

コンクリートの圧送に関する記述として，正しいものを答えよ。
(1) ポンプの機種は，圧送能力が，ポンプにかかる最大圧送負荷よりも小さくなるように選定する。
(2) 最大圧送負荷の算定にあたっては，水平管1mあたりの管内圧力損失量に水平換算距離を掛けて算出する。
(3) フレキシブルホースを除いて，上向き垂直管，テーパ管，ベント管の水平換算距離は同じである。
(4) 管径が大きいほど，圧送負荷は小さいが作業性は向上する。

解　説

(1) ポンプの機種は，圧送能力が，ポンプにかかる最大圧送負荷よりも大きくなるように選定する。
(2) 記述のとおりである。
(3) フレキシブルホース，上向き垂直管，テーパ管，ベント管それぞれに水平換算距離が設定されている。
(4) 管径が大きいほど，圧送負荷は小さいが作業性は低下する。

解答(2)

【問題5】

コンクリートの圧送に関する記述として，正しいものを答えよ。
(1) コンクリートのスランプが小さいほど圧送負荷が小さくなり，閉塞しやすい。
(2) 単位セメント量が多くなると，材料分離を起こしやすいので閉塞しやすい。
(3) 細骨材率が低すぎる場合などでは，流動性が低下するので閉塞を起こしやすい。
(4) 粗骨材に川砂利を用いる場合は，細骨材率を高くする必要がある。

解　説

(1) コンクリートのスランプが小さいほど圧送負荷が大きくなり，閉塞し

やすい。

(2) 単位セメント量が多くなると，材料分離を起こしにくい。

(3) 記述のとおりである。

(4) 粗骨材に砕石を用いる場合は，細骨材率を高くする必要がある。

解答(3)

【問題6】

　図に示すような配管によってコンクリートをポンプ圧送する場合，コンクリートポンプに加わる最大圧送負荷として正しいものを答えよ。ただし，最大圧送負荷の計算は水平換算距離による方法で行うこととし，輸送管の呼び寸法は125A（5B），圧送するコンクリートの水平管1m当たりの管内圧力損失は0.01 N/mm²，および各配管の水平換算長さは下に示した表によるものとする。

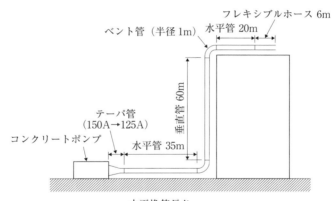

水平換算長さ

項目	単位	呼び寸法	水平換算長さ（m）
上向き垂直管	1m当り	100A（4B） 125A（5B） 150A（6B）	3 4 5
テーパ管	1本当り	150A → 125A	3
ベント管	1本当り	90° r=1.0m	6
フレキシブルホース	5から8のもの1本		20

(1) $3.3\,\mathrm{N/mm^2}$

(2) $4.3\,\mathrm{N/mm^2}$

(3) $5.3\,\mathrm{N/mm^2}$

(4) $6.3\,\mathrm{N/mm^2}$

解 説

水平換算距離を求め，水平管1m当たりの管内圧力損失を掛けて求める。

水平換算距離 ＝ （テーパー管） ＋ （水平管：35 m） ＋ （ベント管） ＋
  　　　　　　　（垂直管：60 m） ＋ （ベント管） ＋ （水平管：20 m） ＋
  　　　　　　　（フレキシブルホース： 6 m）
  　　　　＝ 3 ＋35＋ 6 ＋ （4 ×60） ＋ 6 ＋20＋20
  　　　　＝ 330 m

これに水平管1m当たりの管内圧力損失$0.01\,\mathrm{N/mm^2}$を掛ける。

最大圧送負荷 ＝ 330×0.01 ＝ $3.3\,\mathrm{N/mm^2}$ となる。

解答(1)

【問題7】

コンクリートのシュートによる打設に関する記述として，正しいものを答えよ。

(1) シュートを用いる場合は，斜めシュートを原則とする。

(2) 斜めシュートを用いる場合は，シュートの吐き口にはスムーズに落下させるために一切プレートなどは設置してはならない。

(3) 縦シュートの下端とコンクリート打込み面との距離は1.5 m 以下とする。

(4) 斜めシュートを用いる場合の傾斜は3 ： 1 （水平：鉛直）を標準とする。

解 説

(1) シュートを用いる場合は，縦シュートを原則とする。

(2) 斜めシュートを用いる場合は，シュートの吐き口に適当な漏斗管かバッフルプレートを取り付ける。

(3) 記述のとおりである。

(4) 斜めシュートを用いる場合の傾斜は2：1（水平：鉛直）を標準とする。

解答(3)

【問題8】

コンクリートの運搬に関する記述として，正しいものを答えよ。

(1) コンクリートバケットによる打設は，クレーンなどによる振り回しの影響でコンクリートの分離を誘発しやすい。

(2) ベルトコンベヤによるコンクリート打設は高強度コンクリートを水平方向に連続して運搬するのに適している。

(3) ベルトコンベヤによるコンクリート打設では，ベルトの端部にはバッフルプレートと漏斗管は設けない。

(4) 縦シュートは漏斗管をつないだり，フレキシブルホースを用いたりする。

［ 解 説 ］

(1) コンクリートバケットによる打設は振動などが生じないので分離しにくい。

(2) ベルトコンベヤによるコンクリート打設は硬練りコンクリートを水平方向に連続して運搬するのに適している。高強度コンクリートの打設には用いない。

(3) ベルトコンベヤによるコンクリート打設では，ベルトの端部にはバッフルプレートと漏斗管を設けて，材料分離を防ぐ。

(4) 記述のとおりである。

解答(4)

【問題9】

コンクリートの打設に関する記述として，正しいものを答えよ。

(1) 打込んだコンクリートは，型枠内で横移動させ，隅々まで充填させなくてはならない。

(2) 打込み中に材料分離が認められた場合でも，打設は継続しなければならない。

(3) 一区画内のコンクリートは，可能な範囲で断続的に打ち込むのがよい。

(4) コンクリートは，その表面が一区画内でほぼ水平になるように打つ。

[解　説]

(1) 打込んだコンクリートは，型枠内で横移動させてはならない。

(2) 打込み中に著しい材料分離が認められた場合には，材料分離を防止する手段を講じる。

(3) 一区画内のコンクリートは，打込みが完了するまで連続して打込む。

(4) 記述のとおりである。

解答(4)

【問題10】

コンクリートの打設に関する記述として，誤っているものを答えよ。

(1) 型枠が高かったのでポンプ配管の吐出口を打込み面近くまで下げて打込んだ。

(2) 打込み中，表面にブリーディング水がある場合はバイブレータでコンクリート内部に巻き込むように締固める。

(3) 高さが大きい柱コンクリートを打込む際，コンクリートの1回の打込み高さや打上り速度を調整した。

(4) 型枠が高い壁型枠に打設用の窓を設けた。

[解　説]

(1) コンクリートの落下高さを1.5m以内にする。ポンプ配管を打設面近くまで下げるのは適切である。

(2) 打込み中，表面にブリーディング水がある場合は，取り除いて打込む。そのまま打設してはならない。

(3) 壁又は柱のような高さが大きいコンクリートを連続して打込む場合には，打込み及び締固めの際，ブリーディングの悪影響をできるだけ少な

くするように，コンクリートの1回の打込み高さや打上り速度を調整する。記述のとおりである。

(4) 記述のとおりである。

解答(2)

【問題11】

コンクリートの打設に関する記述として，正しいものを答えよ。

(1) 柱とスラブの接続部は連続して打ち込むようにする。

(2) コンクリートの打込みの1層の高さは，内部振動機を考慮して1.0～1.5 m とする。

(3) 壁・柱等のような高さの高いコンクリートを打設する場合の打ち上がりの打設速度は，30分につき40～50 cm 程度を標準とする。

(4) 練混ぜから打設完了までの時間は25℃を超える時は，1.5時間，25℃以下の場合は2時間を超えないようにする。

解　説

(1) 柱とスラブ，柱と梁，壁とスラブの接続部は連続して打ち込まないようにする。断面変化があると，コンクリートの沈降量に差が生じ，沈下ひび割れが生じやすい。したがって，柱や壁の上端部（梁の下，スラブの下）で一旦打ち止め，1～2時間沈降を待ってから梁やスラブ部分を打設する。

(2) コンクリートの打込みの1層の高さは，内部振動機を考慮して40 cm～50 cm 以下とする。

(3) 壁・柱等のような高さの高いコンクリートを打設する場合の打ち上がりの打設速度は，30分につき1.0～1.5 m 程度を標準とする。早く打ち上げると，型枠がコンクリートの液圧に耐え切れなくなって崩壊する場合がある。

(4) 記述のとおりである。

解答(4)

練習問題

【問題12】

　コンクリートの打設に関する記述として，正しいものを答えよ。

　(1)　バイブレーターの引き抜きは50 cm/秒の速さで行う。

　(2)　バイブレーターは鉛直方向に対して45度以上寝かせて挿入する。

　(3)　内部振動機の1箇所当たりの振動時間は，5～15秒とする。

　(4)　バイブレーターは一般に1 m 以下の間隔に挿入する。

解　説

　(1)　バイブレーターの引き抜きは後に穴が残らないよう徐々に行う。

　(2)　バイブレーターは鉛直に挿入する。

　(3)　記述のとおりである。

　(4)　バイブレーターは一般に40～50 cm 以下の間隔に挿入する。

解答(3)

【問題13】

　コンクリートを打ち重ねる際の規定に関する記述として，正しいものを答えよ。

　(1)　コンクリートを2層以上に分けて打込む場合，上層のコンクリートの打込みは，下層のコンクリートが固まり始めてから行う。

　(2)　バイブレーターは下層のコンクリートに10 cm 程度挿入する。

　(3)　コンクリート標準示方書では外気温25℃以下の場合，打ち重ね時間の間隔は120分を限度とする。

　(4)　コンクリート標準示方書では外気温25℃を超える場合，打ち重ね時間の間隔は90分を限度とする。

解　説

　(1)　コンクリートを2層以上に分けて打込む場合，上層のコンクリートの打込みは，原則として下層のコンクリートが固まり始める前に行う。

　(2)　記述のとおりである。

　(3)　コンクリート標準示方書では外気温25℃以下の場合，打ち重ね時間の間隔は150分を限度とする。

⑷　コンクリート標準示方書では外気温25℃を超える場合，打ち重ね時間の間隔は120分を限度とする。

解答⑵

【問題14】
コンクリートの打設に関する記述として，誤っているものを答えよ。
⑴　コールドジョイントとは先に打ち込んだコンクリートと後から打ち込んだコンクリートとの間で完全に一体化されてされていない打ち重ね部分のことである。
⑵　ブリーディングを少なくするには単位水量を作業に支障のない範囲でできるだけ大きくする。
⑶　ブリーディングを少なくするには，AE 剤や AE 減水剤を使用する。
⑷　ブリーディングを少なくするにはよい粒度の骨材を使用する。

[解　説]
⑴　記述のとおりである。
⑵　単位水量はできるだけ小さくする。
⑶　記述のとおりである。
⑷　記述のとおりである。

解答⑵

【問題15】
コンクリートの養生に関する記述として，正しいものを答えよ。
⑴　コンクリートは打込み後は，日光や風にさらさないようにする。
⑵　コンクリート打設後，3日程度経過してから露出面は養生用マット等で湿潤状態に保つ。
⑶　養生中に，せき板にはいかなる環境であっても散水することは避けなければならない。
⑷　膜養生はブリーディング水の上に，均一に散布する。

(1) コンクリートは打込み後，硬化を始めるまで，日光の直射，風等による水分の逸散を防ぐ（露出面を保護すること）。急激な水分の逸散はコンクリート表面にひび割れを発生させる。よって正しい記述である。

(2) 表面を乱さないで作業ができる程度に硬化したら，コンクリートの露出面は養生用マットや布等をぬらしたもので覆うか，又は散水，湛水を行い，湿潤状態に保つ。通常は翌日には養生マットを敷設する。

(3) せき板が乾燥するおそれのあるときは，これに散水する。

(4) ブリーディング水は除去しなければならない。膜養生を行う場合には，十分な量の膜養生を適切な時期に，均一に散布する。

解答(1)

【問題16】

コンクリートの養生に関する記述として，正しいものを答えよ。

(1) 初期養生温度が高いと，初期強度は小さいが，長期強度は増進する。

(2) 長期強度の伸びはコンクリート養生温度を低く保持すれば大きく，養生温度を高くすると長期強度の伸びは小さい。

(3) 低熱ポルトランドセメントの養生は普通ポルトランドセメントの場合よりも短くする。

(4) マスコンの養生において，表面に冷水を散水するなどして表面温度を下げることは，温度ひび割れ対策として有効である。

解 説

(1) 初期養生温度が高いと，初期強度は高いが，長期強度は増進しにくい。

(2) 記述のとおりである。

(3) 低熱ポルトランドセメントは，水和反応が緩やかで硬化速度が遅いので，普通ポルトランドセメントの場合よりも養生期間を長くする。

(4) マスコンの養生において，表面に冷水を散水するなどして表面温度を下げることは，内部拘束による温度ひび割れ（内部が高温で表面が低温による温度差で膨張率が異なり，ひび割れが生じる）を助長するので避

けなければならない。

【問題17】

　コンクリートの養生に関する記述として，誤っているものを答えよ。

　(1)　早強ポルトランドセメントより普通ポルトランドセメントの方が湿潤養生期間が長い。

　(2)　普通ポルトランドセメントより高炉セメントB種の方が湿潤養生期間が短い。

　(3)　十分硬化するまで衝撃，荷重を加えてはならない。

　(4)　気温が低ければ養生期間を増やさなければならない。

| 解　説 |

　(1)　記述のとおりである。

　(2)　普通ポルトランドセメントより高炉セメントB種の方が湿潤養生期間が長い。

　(3)　記述のとおりである。

　(4)　記述のとおりである。

解答（2）

【問題18】

　コンクリートの仕上げに関する記述として，正しいものを答えよ。

　(1)　表面仕上げはブリーディング水が浮き出てくる前に完了させなければならない。

　(2)　コンクリートが固まり始めるまでに発生したひび割れは，再仕上げ等によって取り除いてはならない。

　(3)　タンピングはコンクリートの凝結が進行した後であっても，適切に行うことによって品質向上につながる。

　(4)　金ごて仕上げを入念にやりすぎると，表面にセメントが集まりすぎて収縮ひび割れの原因となる。

(1) 表面仕上げは表面に浮き出てくるブリーディング水などを処理した後で行うのがよい。

(2) コンクリートが固まり始めるまでに発生したひび割れはタンピングまたは再仕上げによって取り除かなければならない。

(3) タンピングはコンクリートの凝結が進行した後に行なうのはかえって品質を劣化させるのでよくない。

(4) 記述のとおりである。

解答(4)

【問題19】

コンクリートの打継目に関する記述として，誤っているものを答えよ。

(1) 打継目は，できるだけせん断力の小さい場所に設け，打継面を部材の圧縮力の作用する方向に直角にするのを原則とする。

(2) せん断力の大きな位置に打継目を設ける場合には，打継目はできるだけ平滑に仕上げる。

(3) 打継目の計画にあたっては，セメントの水和熱，外気温の変動による温度変化，乾燥収縮等によるひび割れの発生についても考慮する。

(4) 打継目は一般に，梁，床ではスパンの中央付近に，柱，壁では床または基礎の上端に設ける。

解 説

(1) 記述のとおりである。

(2) せん断力の大きな位置に打継目を設ける場合には，打継目にほぞまたは溝を造るか，適切な鋼材を配置して補強する。

(3) 記述のとおりである。

(4) 記述のとおりである。

解答(2)

【問題20】

コンクリートの打継目に関する記述として，正しいものを答えよ。

(1) 水平打継目は，できるだけ水平になるようにするが，旧コンクリート表面のレイタンスは除去してはならない。

(2) 鉛直打継目の型枠として金網は使用してはならない。

(3) 鉛直打継目はできるだけ平滑に仕上げた上で，十分吸水させ，セメントペーストなどを塗布した後，コンクリートを打継ぐ。

(4) 新コンクリートを打込み後，適当な時期に打継目付近に再振動締固めを行うのが良い。

解 説

(1) 水平打継目は，できるだけ水平になるようにし，旧コンクリート表面のレイタンスを除去し，緩んだ骨材を取除き，骨材を洗い出し，十分吸水させる。

(2) 鉛直打継目の型枠に金網などを用いて行う場合は，金網を鉄筋等で強固に支持する。金網を用いることは禁止されていない。

(3) 旧コンクリート打継面は，ワイヤーブラシで表面を削るか，チッピング等によりこれを粗にする。平滑だと接続が弱くなるので適さない。

(4) 記述のとおりである。

解答(4)

【問題21】

コンクリートの型枠の部材に関する記述として，正しいものを答えよ。

(1) 端太は，木製，鋼製，FRP（強化プラスチック）製の板で，構造物の形状に組み立てる部材である。

(2) 水平つなぎは，パイプサポートなどの支柱の座屈（荷重に耐え切れなくなって変形すること）防止および支柱の固定の役割がある。

(3) 根太はせき板を所定の間隔（壁の厚さなど）に保つためのものである。

(4) セパレータは壁型枠の変形を防止するために用いられる，単管パイプ，角パイプ，角材などである。

練習問題

(1)　せき板の説明である。

(2)　記述のとおりである。

(3)　セパレータの説明である。

(4)　端太の説明である。

解答(2)

【問題22】

　コンクリートの型枠，型枠支保工に関する記述として，誤っているものを答えよ。

(1)　コンクリートが型枠に付着するのを防ぐとともに，型枠の取り外しを容易にするために，せき板内面には，はく離剤を塗布する。

(2)　打設中は，型枠のはらみ，モルタル漏れ，移動，傾き，沈下，接続部の緩み等を管理する。

(3)　支保工の施工については，基礎地盤を整地し，所要の支持力が得られるように，また不等沈下などを生じないように，必要に応じて地盤改良等を行う。

(4)　型枠を取り外して良い時期は，梁底面は5.0（N/mm²），柱，壁，梁の側面は14.0（N/mm²）が目安である。

解　説

(1)(2)(3)　記述のとおりである。

(4)　型枠を取り外して良い時期は柱，壁，梁の側面は5.0（N/mm²），梁底面は14.0（N/mm²）が目安である。

解答(4)

【問題23】

　コンクリートの型枠，型枠支保工に関する記述として，誤っているものを答えよ。

(1)　型枠支保工は，打設したコンクリートの設計基準強度の50％に達すれば取り外すことができる。

(2) 型枠及び支保工の取りはずし時期及び順序については，セメントの種類，コンクリートの配合，構造物の種類とその重要度，部材の種類及び大きさ，部材の受ける荷重，気温，天候，風通し等を考慮して定める。

(3) 型枠を取りはずす順序は，比較的荷重を受けない部分をまず取り外し，その後残りの重要な部分を取りはずすものとする。

(4) 柱，壁等の鉛直部材の型枠は，スラブ，はり等の水平部材の型枠よりも早く取り外すのが原則であり，はりの両側面の型枠は底板より早く撤去してよい。

解　説

(1) 型枠及び支保工は，コンクリートがその自重及び施工中に加わる荷重を受けるのに必要な強度に達するまで，取り外してはならない。設計基準強度の50%で取り外してよいという規定はない。

(2)(3)(4)　記述のとおりである。

解答(1)

【問題24】

コンクリートの型枠に作用する力に関する記述として，誤っているものを答えよ。

(1) 鉛直方向には，普通コンクリートの場合2.4 t/m³程度の自重が作用する。

(2) パイプサポート，組立支柱支保工などでは水平荷重として，鉛直方向荷重の10%を見込まなければならない。

(3) コンクリートの側圧はある程度の深さを超えると，側圧は一定か減少する傾向がある。

(4) 配合が同じ場合，夏期より冬期の方が側圧に作用する力は大きくなる。

解　説

(1) 記述のとおりである。

(2) 10%ではなく，５%を見込まなければならない。

(3)　記述のとおりである。

(4)　記述のとおりである。

解答(2)

【問題25】

　コンクリートの型枠に作用する側圧が大きくなる条件として，誤っているものを答えよ。

(1)　コンクリートの温度が低い。

(2)　スランプが小さい。

(3)　コンクリートの打込み高さが高い。

(4)　打ち上げ速度が速い。

解　説

(1)　記述のとおりである。コンクリート温度が低いと硬化が遅くなる。

(2)　スランプが小さい場合，流動性が低いので側圧は小さくなる。

(3)　記述のとおりである。

(4)　記述のとおりである。

解答(2)

【問題26】

　コンクリートの鉄筋工に関する記述として，正しいものを答えよ。

(1)　鉄筋は，必要に応じて溶接してもよい。

(2)　鉄筋は余分な損傷を与えないために加熱しながら加工することを原則とする。

(3)　鉄筋の交点の要所を直径0.8 mm 以上の焼なまし鉄線で緊結した。

(4)　型枠に接するスペーサは，原則として鋼製のものを使用する。

解　説

(1)　鉄筋は，原則として溶接してはならない。

(2)　鉄筋は常温で加工するのを原則とする。

(3)　鉄筋の交点の要所は，直径0.8 mm 以上の焼なまし鉄線等で緊結しな

ければならない。よって正しい。
(4) 型枠に接するスペーサは，モルタル製あるいはコンクリート製を使用することを原則とする。

解答(3)

【問題27】

コンクリートの鉄筋工に関する記述として，誤っているものを答えよ。
(1) スペーサの数は，床版では 1 m²当たり 2 個程度が一般的である。
(2) 組立用鉄筋が必要な場合は，設計図に示されていない箇所にも用いてよい。
(3) 鉄筋は，設計図のかぶりを正しく確保するために，適切な間隔で，モルタル製またはコンクリート製のスペーサを使用することを原則とする。
(4) 組立終了後は，鉄筋の本数，径，折り曲げ位置，継手位置及び継手長さ等の検査を行う。

解 説

(1) スペーサの数は，床版では 1 m²当たり 4 個程度が一般的である。
(2)(3)(4) 記述のとおりである。

解答(1)

【問題28】

コンクリートの鉄筋継手に関する記述として，誤っているものを答えよ。
(1) 鉄筋の継手位置は，できるだけ応力の大きい断面を避ける。
(2) 継手はできるだけ同一断面に集めるようにする。
(3) ガス圧接継手は端部を平坦に仕上げた鉄筋を突き合わせ，圧力と火炎を加えながら接合する方法である。
(4) 機械式継手は鉄筋径より少し大きい内空を持つ筒状のカップラやスリーブと呼ばれる部材に，鉄筋を両側から差し込み，接続する継ぎ手方法である。

(1) 記述のとおりである。

(2) 継手は，同一断面に集中させず，相互にずらす。

(3) 記述のとおりである。

(4) 記述のとおりである。

解答(2)

【問題29】

コンクリートの圧接に関する記述として，正しいものを答えよ。

(1) D51の鉄筋にガス圧接は用いることはできない。

(2) ガス圧接は鉄筋の曲げ加工部にも適用される。

(3) SD345の D29と D32を圧接することはできない。

(4) 圧接後，外観検査および切取試験片による破壊検査，超音波探傷試験
    などを実施する。

(1) 圧接は D19～51に使用実績がある。

(2) ガス圧接箇所は鉄筋の直線部とし，曲げ加工部およびその近傍は避け
    なければならない。

(3) 圧接を行う鉄筋は同一種間（鉄筋の種類とは SD295A や SD345など
    のことであり，鉄筋径のことではない），または強度的に直近な種類間
    とする。したがって，この場合，圧接はすることができる。

(4) 記述のとおりである。

解答(4)

【問題30】

コンクリートの鉄筋工に関する記述として，誤っているものを答えよ。

(1) 曲げ加工した鉄筋の曲げ戻しは，1回のみ行うことができる。

(2) 異型棒鋼の曲げ加工における折曲げ内半径は，鉄筋径が大きいほど大
    きくなる。

(3) スペーサの数は，壁及び柱で 1 m²あたり 2 ～ 4 個が一般的である。

(4) 鉄筋のスペーサとしてコンクリート製のものを用いた。

[解　説]

(1) 曲げ加工した鉄筋の曲げ戻しは，原則行わない。

(2)(3)(4) 記述のとおりである。

解答(1)

【問題31】

コンクリートの継手に関する記述として，誤っているものを答えよ。

(1) スリーブ圧着継手は異形鉄筋を差し込んだ鋼製スリーブを冷間圧着するものである。

(2) ねじ節鉄筋継手は鉄筋端部をねじ切りし，内側にねじ山加工されたカップラーに回転して差し込む方法である。

(3) モルタル充てん継手はスリーブにモルタルあるいは樹脂を充填して接合する方法である。

(4) 機械式継手は D51のように太い鉄筋には採用されない。

[解　説]

(1)(2)(3) 記述のとおりである。

(4) 機械式継手は D51には使用される。継手の種類にもよるが，D16程度から D51まで用いられている。

解答(4)

【問題32】

コンクリートの鉄筋の「かぶり」と「あき」に関する記述として，正しいものを答えよ。

(1) かぶりとは鉄筋の芯からコンクリート表面までの距離のことである。

(2) あきとは，平行な鉄筋の芯間距離のことである。

(3) はりにおける軸方向鉄筋の水平あきは20 mm 以上，粗骨材の最大寸法の4/3以上，鉄筋直径以上とする。

(4) 柱における軸方向鉄筋のあきは50 mm 以上，粗骨材の最大寸法の4/3

以上，鉄筋直径の1.5倍以上としなければならない。

解 説

(1) かぶりとは鉄筋表面からコンクリート表面までの最短距離のことである。

(2) あきとは，平行な鉄筋の表面間距離の最小値のことである。

(3) 記述のとおりである。

(4) 柱における軸方向鉄筋のあきは40 mm 以上，粗骨材の最大寸法の4/3以上，鉄筋直径の1.5倍以上としなければならない。

解答(3)

【問題33】

コンクリートの鉄筋かぶりに関する記述として，正しいものを答えよ。

(1) かぶりは壁より地中梁のほうが大きい。

(2) かぶりは柱よりスラブのほうが大きい。

(3) かぶりは屋外より屋内の部位のほうが大きい。

(4) 水中で施工する構造物のかぶりは75 mm 以上とする。

解 説

(1) かぶりは地中に直接接する基礎などが最も大きい。よって正しい記述である。

(2) かぶりは柱よりスラブのほうが小さい。

(3) かぶりは屋外より屋内の部位のほうが小さい。

(4) 水中で施工する構造物のかぶりは100 mm 以上とする。

解答(1)

第 7 章

各種コンクリート

高温，低温，水中など特殊環境におけるコンクリートや，部材厚の大きいマスコンクリート，著しく流動性を高めた高流動コンクリートなどについて学びます。

7-1 暑中コンクリート

（1）基本事項

　日平均気温が25℃を超える時は，暑中コンクリートとして対応をしなければなりません。また，コンクリート温度が高い場合，硬化が早くなるので，**コールドジョイントの発生**が懸念されます。

（2）材料面での配慮

- ・製造時，練り上がり温度が低くなるよう，水や骨材温度を下げることが有効である。
- ・**水和熱が大きくなるセメント**（早強ポルトランドセメント等）は使用しないようにする。
- ・発熱の小さい低熱ポルトランドセメント，中庸熱ポルトランドセメントなどを用いる場合は，強度の保証材齢を**56日や91日**にする。通常は28日であるが，それでは強度が十分発現しない。
- ・骨材はできるだけ温度が低いほうがよい。冷却方法として冷水の散布，**液体窒素**による冷却などがある。水は氷，**フレークアイス**により冷却することもある。（ただし，練混ぜた後のコンクリートを冷却するためにフレークアイスを投入してはならない）
- ・凝結時間を遅くするために，混和剤は **AE 減水剤遅延形，高性能 AE 減水剤遅延形**の使用が有効である。
- ・**高性能 AE 減水剤は単位水量および単位セメント量の低減，スランプの保持性に優れており，暑中コンクリートに有効である。**

（3）配合面での配慮

- ・コンクリート温度が高いので，所要のスランプを得るための**単位水量が多くなる。**
- ・気温が高いと空気が連行されにくいので，AE 剤の使用量を**やや多くする。**
- ・**スランプの経時変化を小さく**（時間が経過してもスランプの変化が少ない，すなわち，やわらかさを保っているという意味）したい場合は，

AE 減水剤よりも高性能 AE 減水剤を用いるほうがよい。

（4）施工時の留意点

- コンクリートを打込む前には，地盤，型枠等のコンクリートから**吸水する恐れのある部分を湿潤状態**に保つ。
- 型枠・鉄筋等が直射日光を受けて高温になる場合には，散水，覆い等の適切な処置を施す。
- **急激な水分の蒸発**により**プラスティック収縮ひび割れ**が発生しやすいので注意を要する。
- コンクリートの打込みはできるだけ早く行い，練り混ぜてから打終るまでの時間は，**1.5時間を超えない**こと。
- 打込み時のコンクリートの温度は，**35℃以下**とする。
- コンクリートの打込みは，コールドジョイントが生じないようにする。
- コールドジョイント防止のために，**遅延型の混和剤**を用いるとよい（硬化を遅くする）。スランプは時間の経過とともにスランプが低下し，流動性を失っていく。これをスランプの経時変化という。
- コールドジョイント防止のためには入念な打設計画（打設順序，出荷ペース，人員配置など）を立て，トラブル防止に努める。

（5）その他

- 暑中コンクリートは初期の強度発現は速やか（＝気温が高いので硬化が早い）であるが，**長期の強度増進は小さい**。

寒中コンクリート

（1）基本事項

　コンクリート標準示方書では，**日平均気温が 4 ℃以下の時**は寒中コンクリートとして対応をしなければならないとされています。JASS5では，打ち込み日を含む旬の日平均気温が 4 ℃以下の期間またはコンクリート打込み後91日までの積算温度が840° D・D（＝℃・日）を下回る場合としています。

　特に気温が 0 ℃を下回る場合は，コンクリートが凍結する恐れがあり，凍結してしまうと，所定の強度，耐久性を発現することができません。寒中コンクリートでは，気温が低い環境で，所定の品質を確保することが命題となります。

> 積算温度M_nとは？
> $M_n = \Sigma (\theta_z + 10)° \ D \cdot D$　で表される。
> 例えば，コンクリート平均温度 5 ℃が28日間継続した場合の積算温度は
> $M = (5 + 10) \times 28 = 420° \ D \cdot D$　となる。

（2）材料面での配慮

- **普通ポルトランドセメントや早強ポルトランドセメント**の使用を標準とする。水和熱によるひび割れが懸念される場合には，中庸熱ポルトランドセメント，混合セメントB種（高炉セメントB種など）などの使用も検討する。
- **セメントは加熱してはならない。**
- 骨材は加熱することができる。その温度は65℃未満とする。
- 水，骨材の混合温度は**40℃以下**とする。
- 耐凍害性が要求されるコンクリートの骨材は，JIS の安定性試験における損失質量が**細骨材では10％以下，粗骨材では12％以下**のものを用いることを標準としている。
- 混和剤は AE 剤，AE 減水剤，高性能 AE 減水剤の使用を標準としている。**空気量を適度に保つことにより，耐凍害性を高める**ことができる。

- コンクリートの凝結，硬化を促進したい場合には硬化促進剤や促進型減水剤を用いる場合があるが，塩化物量が多いものがあるので，塩害への影響を確認する必要がある。

（3）配合面での配慮

- 使用するコンクリートは **AE コンクリート**（AE 剤を使用したコンクリート）とする。コンクリート標準示方書によれば，練上がり時において，AE コンクリートの空気量は 4 ～ 7 ％を標準とするが，寒冷地で長期的な凍結融解作用を受けるような場合には 6 ％程度とする，としている。
- **単位水量は初期凍害を防止するため**，所要のワーカビリティが得られる範囲で**できるだけ少なくしなければならない**。

（4）施工時の留意点

- コンクリートの運搬及び打込みは，熱量の損失を少なくするように行う。
- 練混ぜ時から打込み終了までのコンクリートの **1 時間当たりの温度低下**は，**練上がり温度と気温の差の15％**程度である。
- 荷卸し時のコンクリート温度は，**JASS5では10～20℃**としている。
- 打込み時のコンクリートの温度は，土木学会**コンクリート標準示方書**では，構造物の断面寸法，気象条件等を考慮して，**5 ～20℃**の範囲で定める，としている。
- コンクリートの打込み時に，鉄筋，型枠等に氷雪が付着してはならない。
- 打継目の旧コンクリートが凍結している場合には適当な方法でこれを溶かし，コンクリートを打継がなければならない。
- 打込まれたコンクリートの露出面を外気に長時間さらさせない（養生中はコンクリート温度を **5℃以上**に保つ）。
- コンクリート打設後，気温が下がり凍結が予想される場合は，スラブの天端を**断熱シート**で養生することが望ましい。

（5）その他

- **コンクリート打設後，初期材齢でコンクリートが凍結してしまうと**，その後，いかなる養生を行っても，所定の強度や耐久性を発現させることはできない。

7-3 マスコンクリート

（1）基本事項

- 部材断面寸法が大きいコンクリート構造物ではセメントの水和熱により，**温度ひび割れ**が生じる。このようなコンクリートではマスコンクリートとしての取り扱いが必要である。

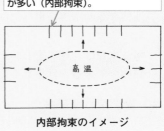

内部が高温になって膨張し，表面にひび割れが発生する。貫通する場合が多い（内部拘束）。

内部拘束のイメージ

- 土木学会コンクリート標準示方書では，下部が拘束された**壁厚50 cm 以上**のコンクリート，**スラブ厚80〜100 cm 以上**のコンクリートは，マスコンクリートとしての対応が必要，としている。

- **発生機構**によって内部拘束によるひび割れと，外部拘束によるひび割れに分けられる。これらのひび割れの発生を抑制することが重要となる。

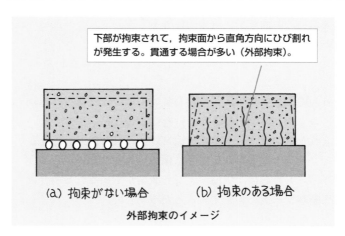

下部が拘束されて，拘束面から直角方向にひび割れが発生する。貫通する場合が多い（外部拘束）。

（a）拘束がない場合　　（b）拘束のある場合

外部拘束のイメージ

- マスコンクリートで用いられる**温度ひび割れ指数**は，ある材齢において，ある部位の**引張強度（f_t）を水和熱により発生する応力**σ_tで除した値（f_t/σ_t）であり，この値が小さいほどコンクリートにひび割れが発生し

やすい。

以下に各種，温度ひび割れの抑制対策について述べます。

（2）材料面

・水和熱を抑えるため，**低発熱形セメント**（低熱ポルトランドセメント，中庸熱ポルトランドセメント）の使用を検討する。これらのセメントを用いると強度発現が遅くなる。したがって強度の保証材齢を**28日から56日や91日に変更することを検討**する。（28日では設計基準強度に達しない恐れがある。たとえば，91日に変更した場合は，それに応じた養生期間が必要であるので，工程計画にも影響がある）

・フライアッシュ，高炉スラグ微粉末等の**混和材を検討**する。混和材を用いることにより，セメント量を減らすことができる。それにより，水和熱を少なくすることができ，温度ひび割れ抑制効果がある。

・**骨材のプレクーリング**（他の材料と練混ぜる前にあらかじめ冷やしておくこと）によりコンクリートの練り上がり温度を下げる。

・所定の品質を満足する範囲内でできるだけ単位セメント量，単位水量を**少なくする**。**粗骨材の最大寸法を大きくする**ことにより単位セメント量を減らすことができるので，**温度ひび割れ抑制に有効**である。

（3）施工面

・**パイプクーリング**（構造物の中に通水できるパイプを配置し，その中に冷水を流して内部を冷却する方法）でコンクリート温度を下げることができる。温度ひび割れに有効である。冷水の通水はコンクリート打込み開始後，ただちに開始する。**パイプまわりのコンクリート温度と通水温度との差の目安は20℃程度以下**とする。温度差が大きすぎるとひび割れの発生を助長する場合がある。

・夏季の打込みはできるだけ避ける。

・**コンクリートの打込み温度をできるだけ低くする**。打込み時のコンクリート温度が高いほど，打設後のコンクリート温度も高くなり，温度ひび割れが発生する可能性も高くなる。

・打設後のコンクリート温度は，打込み時のコンクリート温度だけでなく，気温，型枠の材質，打込み区画（ブロック)の大きさ，打込み高さ（リフト）により異なる。**温度ひび割れ抑制のためには，ブロックは小さく，リ**

フトは低くすることが有利である。
・ひび割れの幅を小さくするために鉄筋の本数を増やすことは有効である。
  鉄筋はひび割れと直交する方向に配置する（例えば壁部に発生する外部拘
  束によるひび割れは鉛直方向に生じるので，その対策のための鉄筋は水平
  方向に配置する）。

（4）内部拘束と外部拘束

① 内部拘束

・**コンクリート表面と内部の温度差から生じる**内部拘束の作用により生じ
  るひび割れである。内部が水和熱により高温になると膨張を起こし表面
  にひび割れを発生させるもので，**初期の段階（打設後，数日の間）に発
  生**する。これを防止するには，内部と表面の温度差をできるだけ小さく
  する処置をすることである。
・内部拘束によるひび割れは，**初期材齢の部材内部の温度が高いほど発生
  しやすい。**
・内部拘束によるひび割れ対策として**保温性のよい型枠**を使用するのは有
  効である。それによりコンクリート表面と内部の温度差を小さくするこ
  とができる。
・**打込み時のコンクリート温度を下げる**ことにより，部材の最高温度を低
  減することができる。

コンクリート温度が最高に達した後もできる限り型枠を残しておく（早期
に型枠を取り外すのは温度ひび割れを助長するのでやってはならない）。そ
れにより，表面温度の低下を防止することができる。表面温度が急激に下が
れば，内外温度差が大きくなり，ひび割れが発生しやすい。したがって早期に
型枠を取り外してコンクリート表面に散水して冷却するなどしてはならない。

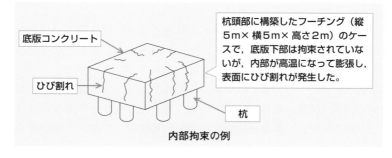

杭頭部に構築したフーチング（縦
5m× 横5m× 高さ2m）のケー
スで，底版下部は拘束されていな
いが，内部が高温になって膨張し，
表面にひび割れが発生した。

底版コンクリート

ひび割れ

杭

内部拘束の例

② 外部拘束

・**下部が拘束されている**壁コンクリートや，下部が岩盤で拘束されている
底版コンクリートなどが，コンクリート打設後，**材齢がある程度進んだ
段階でコンクリート温度が低下する際に**収縮を起こすが，下部が拘束さ
れているためひび割れが発生する。これが**外部拘束による温度ひび割れ**
である。このひび割れは**部材を貫通する場合がある。**

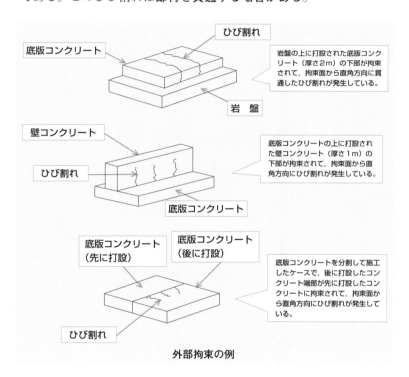

ひび割れ

底版コンクリート

岩盤の上に打設された底版コンク
リート（厚さ2m）の下部が拘束
されて，拘束面から直角方向に貫
通したひび割れが発生している。

岩　盤

壁コンクリート

ひび割れ

底版コンクリートの上に打設され
た壁コンクリート（厚さ1m）の
下部が拘束されて，拘束面から直
角方向にひび割れが発生している。

底版コンクリート

底版コンクリート
（先に打設）

底版コンクリート
（後に打設）

底版コンクリートを分割して施工
したケースで，後に打設したコン
クリート端部が先に打設したコン
クリートに拘束されて，拘束面か
ら直角方向にひび割れが発生して
いる。

ひび割れ

外部拘束の例

・外部拘束によるひび割れを抑制するためには，**拘束面の延長を小さくし
たり，面積を小さくする**ことが有効である。また，**リフト高さやブロッ
ク割を小さくして**，コンクリート温度の上昇を抑制することも有効であ
る。

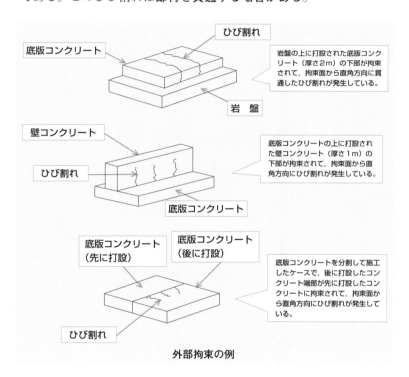

・外部拘束によるひび割れ対策として，**ひび割れ誘発目地**の設置は有効である。ひび割れ誘発目地とは，ひび割れが発生しやすいように，コンクリート断面を各種材料で欠損させるものである。**意図的に**ひび割れをその部分に発生させ，そこに**止水処置**を行うものである。

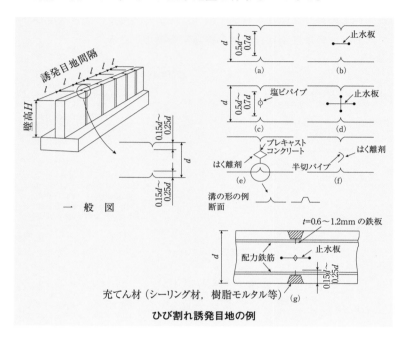

ひび割れ誘発目地の例

7-4 水中コンクリート

（1）基本事項

　水中コンクリートは地下水の存在する環境で打設する場合（地中連続壁，場所打ち杭などの施工）や，海水中に直接打設（水中不分離コンクリートを使用）する場合があります。打設時にコンクリートが水に触れるため，気中での打設に比べて分離が生じやすく，コンクリート強度も低下しやすいです。したがって，粘性が高く，強度の大きい配合が求められます。

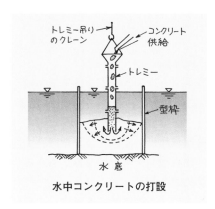

水中コンクリートの打設

（2）一般の水中コンクリート

　一般の水中コンクリートの特徴を下記に示します。これらは，（3），（4）項に共通の内容も多いです。

- ・コンクリートは，**静水中**に打込むのを原則とする。やむを得ない場合でも地下水の流速は**5 cm/s 以下**とする。
- ・コンクリートは，水中を落下させてはならない。ただし，**水中不分離コンクリート**は水中落下高さ**50 cm 以下**とされている。
- ・コンクリートは，その面をなるべく水平に保ちながら所定の高さ又は水面上に達するまで連続して打込む。
- ・打込み中，コンクリートをできるだけかき乱さないようにする。

- ・コンクリートが硬化するまで，水の流動を防ぐ。
- ・一区画のコンクリートを打込み後は，レイタンスを完全に除いて次のコンクリートを打つ。
- ・水セメント比は50％以下，単位セメント量は370kg/m³を標準とする。
- ・水中コンクリートは細骨材率を大きくして粘性を高める。細骨材率は粗骨材に砂利を用いる場合は40～45％程度とし，砕石を用いる場合はさらに3～5％程度増やす。
- ・スランプを大きくして流動性を高める。
- ・**粘性が大きいため，ポンプ圧送負荷は通常のコンクリートより大きくなる。**
- ・水中コンクリートの強度は水の洗い出しなどのために，気中で打設されるコンクリートに比べて低下する。そのため，水中施工時の強度が標準供試体の強度の0.6～0.8倍とみなして配合強度を設定することとしている。

（3）水中不分離コンクリート

水中不分離コンクリートとは，水中不分離性混和剤を使用して，材料分離抵抗性を高めた水中コンクリートです。以下に特徴および留意点を示します。

- ・**流動性が高く，分離抵抗性も高い。**また自己充填性が高く，**セルフレベリング性**（自動的に打設面が水平になる）もある。
- ・単位水量は，通常のコンクリートより多い。
- ・**配合強度は水中施工による強度低下を考慮して割り増す。**
- ・水中に打設しても**水質の汚濁がほとんどない。**粘性が高く，分離が生じにくいからである。
- ・高性能減水剤を使用するため，**凝結時間が長い。**
- ・**乾燥収縮量**が通常のコンクリートと比較して大きい。
- ・**耐凍害性が低い。**したがって，凍結融解作用を受ける部位には施工してはならない。
- ・打設は静水中とし，トレミー，コンクリートポンプを用いる。
- ・品質管理（流動性確認のため）は**スランプフロー**で行う。
- ・水平移動距離は**5 m 以下**とする。
- ・水中落下高さは**50 cm 以下**とする。
- ・流動性が高いため，型枠に作用する側圧は**液圧**として計算する。

・水中気中強度比（水中で作成した供試体の強度と気中で作成した供試体の強度の比）は70%として配合強度を設定する。

（4）場所打ち杭，地下連続壁に使用する水中コンクリート

・場所打ち杭や地下連続壁は掘削，鉄筋かご挿入，コンクリート打設の順で施工される。その際，孔壁（掘削した箇所で，深さ方向にむき出しになった地盤面）安定のために，**安定液**（ベントナイト溶液）が満たされている。したがって，コンクリート打設は，孔底からコンクリートを打ち上げていき，安定液を地上に押し上げるようにして，コンクリートを置き換える方法で行う。

・掘削終了時，コンクリート打設前に，**スライム**（孔底に溜まった泥分）の除去を行う。

・場所打ち杭，地下連続壁に使用する水中コンクリートは，トレミーを用いて打込む。安定液とコンクリートが混ざらないように，トレミー管の先端は打設中，コンクリートに 2 m 以上入れておく。

・**鉄筋のかぶり**は一般のコンクリートよりも大きくする。10 cm 以上を標準とする。

・コンクリートの上端には，レイタンスや除去しきれなかったスライムなどが含まれているので，設計高さよりも高くまで打設する。それを余盛りという。**余盛り高さは50 cm～100 cm 以上**とする。

・水中気中強度比（水中で作成した供試体の強度と気中で作成した供試体の強度の比）は80%，安定液を用いる場合は70%として配合強度を設定する。

・単位セメント量は350 kg/m³以上，水セメント比は55%以下，スランプは18～21 cm を標準とする（コンクリート標準示方書）。

7-5 高流動コンクリート

（1）基本事項

・高流動コンクリートは流動性を著しく高めて，締固めをしなくても型枠の
隅々までコンクリートがいきわたるようにしたものである。これを**自己充
填性**（じこじゅうてんせい）という。

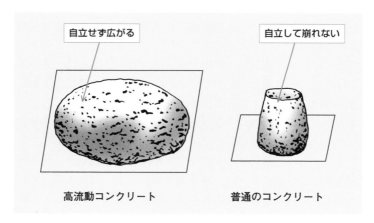

自立せず広がる　　　　　　　　　自立して崩れない

高流動コンクリート　　　　　　　普通のコンクリート

・**締固めが困難な部位，過密配筋箇所**などのコンクリート打設において用い
られることが多い。

・流動性を高めるために混和剤として，**高性能 AE 減水剤**を使用している。
高性能 AE 減水剤の添加量を増加させると，流動性が高まってくるが，添
加しすぎると粗骨材とモルタルが分離し始める。これを防止するためには
粘り（粘性）をもたせなくてはならない。そのために，**増粘剤（分離低減
剤）**を添加したり，**粉体を増加**したりして対応する。単位水量を多くして
流動性を高めているのではないので，そこに注意が必要である。

・高流動コンクリートは流動性と材料分離抵抗性の２面性をほどよく持ち合
わせたコンクリートといえる。

　　また，高流動コンクリートは降伏値と塑性粘度によってもその性質を表
現される。

降伏値が小さいほど流動性が大きく，塑性粘度が大きいほど材料分離抵抗性が大きい。

（2）高流動コンクリートの種類

以下の3つのタイプがあります。

- **粉体系**高流動コンクリート：増粘剤を用いず，粉体（セメントと混和材）を増加して粘性を高めている。
- **増粘剤系**高流動コンクリート：増粘剤により適正な材料分離抵抗性を付与している。
- **併用系**高流動コンクリート：粉体を増加し，増粘剤も使用している。

（3）製造，配合，基準等

- 高流動コンクリートの流動性は**スランプフロー**（広がりの直径）で表す。
- 目標とするスランプフロー値は**55 cm 以上65 cm 以下**と規定されている（JASS5）。
- 荷卸し時のスランプフロー試験での目標スランプフロー値に対する許容差は**±7.5 cm** である。ただし，**50 cm を下回らず，70 cm を超えない**ものとする（JASS5）。
- ポルトランドセメントを用いる場合は中庸熱または低熱ポルトランドセメントが有効である（セメント量が多く水和熱を下げる必要があるため）。
- JASS5では高流動コンクリートの単位水量は**175 kg/m³以下**となっている。
- JASS5では**水結合材比〔単位水量/（単位セメント量＋単位混和材量）〕**は**50％以下**となっている。結合材とは水と反応してコンクリートの強度発現に寄与する材料であり，セメントや混和材（フライアッシュ，膨脹材，高炉スラグ微粉末シリカフューム等）のことを指す。
- 普通のコンクリートと比べて，高流動コンクリートのフレッシュ性状は，**細骨材の表面水率に影響されやすい**。したがって，工場における表面水率の管理が重要となる。
- 自己充填性は実績率の大きい粗骨材を使用すると向上する。
- 高流動コンクリートは間隙通過性を高くするために，通常のコンクリートよりも**単位粗骨材量を小さくする**。間隙通過性とは，鉄筋と鉄筋の間のコンクリートの通過しやすさのことである。鉄筋間に骨材がひっかかると，コンクリートが充填されず，空洞が生じやすい。

・流動性や自己充填性の評価方法として，スランプフロー試験，間隙通過性試験がある。
・製造時の練混ぜ時間は一般のコンクリートよりも長くなる。

（4）施工上の留意点

・最大自由落下高さは **5 m 程度** 以下とするのがよい。
・**自由流動距離**（筒先から出たコンクリートが自然に移動する距離）は JASS5では**20 m 程度**まで，コンクリート標準示方書では **8 m 以下** を標準としている。試験問題の設問で水平移動距離，自由流動距離の数値として20 mまでであれば，許容範囲と考えること。流動距離を大きくすると，分離する恐れがある。
・型枠の設計はフレッシュコンクリートの**液圧**として計算する。**一般のコンクリートよりも側圧は大きい。**
・**粘性が大きいのでポンプ圧送時の圧力損失が大きい。**
・普通のコンクリートより，粉体が多いので**ブリーディングは少ない。**
・コンクリート表面を仕上げる際，粘りがあるので**均しにくい**。したがって，**散水や水を噴霧しながら均す**などの工夫が必要である。
・高流動コンクリートは**高性能 AE 減水剤**を用いているので，普通のコンクリートよりも**凝結が遅い**。

7-6 流動化コンクリート

　流動化コンクリートは高流動コンクリートとは異なるものです。

　流動化コンクリートは，あらかじめ練混ぜられたコンクリートに，**後で流動化剤を添加する**コンクリートです。現場では流動化剤を生コン車（トラックアジテータ）に添加，撹拌し，流動性を高めます。これを**現場添加方式**といいます。一方，工場で添加する場合を**工場添加方式**といいます。流動化剤を添加する前のコンクリートを**ベースコンクリート**，添加後撹拌したコンクリートを流動化コンクリートと呼びます。

〈特徴・留意点〉
- ・流動化コンクリートの配合計画は流動化によるコンクリートの圧縮強度の変化がないものとして行う。（流動化したコンクリートの圧縮強度はベースコンクリートと同程度である）
- ・流動化コンクリートの**スランプの増大量は10 cm 以下**を原則とする。
- ・流動化コンクリートの**スランプの経時変化（スランプの低下）は通常のコンクリートの場合より大きい**。言い換えれば，流動化コンクリートは硬化が早い。
- ・流動化コンクリートは，**流動化後20～30分以内で打設を完了する**のが望ましい。
- ・ベースコンクリートの細骨材率は通常のコンクリートよりも高くする。
- ・コンクリート温度が 5 ～30 ℃の範囲では，流動化剤の添加量は温度の高い方がやや少なくて済む。

7-7 舗装コンクリート

　舗装コンクリートは道路舗装や，空港の滑走路，エプロンの舗装などにもちいられるものです。コンクリート舗装はアスファルト舗装よりも耐久性が高いですが高価です。したがって，より耐久性が求められる箇所に用いられる。

〈特徴・留意点〉
- 粗骨材の最大寸法は**40 mm 以下**とする。
- 粗骨材のすり減り減量の限度は**すり減り減量35%**を標準とする。
- JIS A 5308では舗装コンクリートのスランプは2.5cm と6.5cm の 2 種類である。運搬には，**スランプ2.5cm ではダンプトラックを，スランプ6.5cm ではトラックアジテータ**を使用することとしている。また練混ぜから荷卸しまでの運搬時間は**ダンプトラックによる運搬では 1 時間以内，トラックアジテータでは1.5時間以内**としている。
- 材齢28日における曲げ強度（**設計基準曲げ強度は4.5 N/mm^2**）を設計の基準とする。**養生期間**は，現場養生供試体の曲げ強度が**配合強度の 7 割に達する**までとしている。
- 水セメント比の最大値は凍結融解がしばしば起こる場合では**45%**，時々起こる場合では**50%**としている。
- 空気量は JIS A 5308では**4.5±1.5%**と定めている。
- コンシステンシー（流動性や材料分離抵抗性）はスランプで**2.5 cm**，振動台式コンシステンシー試験で**沈下度は30秒**としている。
- 舗装コンクリートの仕上げ作業はコンクリートを締め固めた後，荒仕上げ，平坦仕上げ，粗面仕上げの順で行う。**舗装版の表面は，平坦仕上げ**を行った後，車両などのすべり防止，光線の反射緩和などを目的として**粗面に仕上げる**。
- 舗装コンクリートは厚さに対して広がりが大きい（表面積が大きい）ため乾燥しやすく，温度変化も生じやすい。したがって，**表面仕上げ後から硬化し始めるまでの間，初期養生**（屋根による覆いと養生剤散布によ

る膜養生）を行う。

・**転圧コンクリート舗装**（RCCP：Roller Compacted Concrete Pavement）は，従来のコンクリート舗装に用いるコンクリートよりも単位水量の少ない超硬練りコンクリート（水セメント比は35％程度）を使用し，アスファルト舗装と同様の機械で施工される。転圧コンクリート舗装には以下のような特徴がある。

・通常のコンクリート舗装よりも**耐摩耗性が高い**。

・使用するコンクリートの**単位水量が少ない**。

・**圧縮強度に対する曲げ強度の割合が大きい**。

・打込み目地を設けることが困難であり，**カッター目地が用いられる**。

7-8 水密コンクリート

　水密コンクリートとは，コンクリートへの水の浸透やひび割れによる漏水が生じないように配慮したコンクリートです。上水道施設構造物などは水密性が要求されます。

〈留意点〉
- 水セメント比はJASS5では**50％以下**，コンクリート標準示方書では**55％以下**としている。
- **粗骨材の最大寸法は小さいほうが水密性は高まる**。コンクリートは打設後に沈下するので，骨材の寸法が大きいほど骨材下部に空隙ができやすく，水密性が低下する。
- 膨張材の使用は水密性向上に効果がある。膨張材の使用量は**30 kg/m³程度**である。コンクリートが膨張することにより，ひび割れが抑制できる。
- 水密性向上のために，混和材として**シリカフューム**を用いると，構造が緻密になり有効である。
- **単位水量を減じることは水密性向上につながる**。コンクリート中の浮遊水分（水和反応せず，コンクリート中にとどまっている水分）が多いほど，その分，緻密さが低下する。

7-9 海洋コンクリート

　海岸構造物，港湾構造物は海水に接するため，塩化物イオンによる，鋼材の腐食が最も問題となります。

〈留意点〉

・コンクリート中の**鋼材腐食に対する環境条件**は，**干満帯・飛沫帯→海上大気中→海中**の順に厳しい（飛沫帯が最も腐食しやすい）。完全な水中よりも空気に触れるところの方が，腐食が激しい。つまり，**海中より干満帯・飛沫帯のほうが腐食速度は速い**。干満帯とは潮の干満の繰返しを受ける部分，飛沫帯とは，干満の繰り返しや波しぶきによって乾湿を繰り返す部分である。したがって，干満帯・飛沫帯が最もコンクリートの耐久性を求められる。**飛沫帯**では海水による化学的作用に加え，**波によるすり減り作用も受ける**。

・各部位の最大水セメント比を以下に示す。**飛沫帯および干満帯では45%以下**としなければならない。

耐久性から定まるコンクリートの最大水セメント比（%）

施工条件＼環境区分	一般の現場施工の場合	工場製品，または材料の選定および施工において，工場製品と同等以上の品質が保証される場合
海上大気中	45	50
飛沫帯および干満帯	45	45
海中	50	50

注）　実績，研究成果等により確かめられたものについては，最大の水セメント比を，上表の値に5〜10加えた値として良い。

・凍結融解作用による劣化は，**淡水中よりも，海水中のほうが大きい**。

・打継ぎ目は海水が浸入しやすく弱点となりやすい。したがって，**最高潮位から上60 cm**と**最低潮位から下60 cm**との間には打継ぎ目を設けない

ように連続作業でコンクリートを打込むのがよい。

・海水中に位置するコンクリートでは，海上大気中に比べて中性化速度は小さい（大気中より水中のほうが二酸化炭素濃度が低いため）。

・海水に対する化学的抵抗性を向上させるために，高炉セメント，フライアッシュセメント，耐硫酸塩ポルトランドセメント，中庸熱ポルトランドセメント，低熱ポルトランドセメントの使用は有効である。ただし，耐硫酸塩ポルトランドセメント，中庸熱ポルトランドセメント，低熱ポルトランドセメントは鋼材腐食の観点からは注意が必要である。

・海水中に含まれる硫酸マグネシウムは，コンクリート中の水酸化カルシウムと反応してコンクリートを劣化させる。その際，せっこうが生成され，それがセメント中のアルミン酸三カルシウム（C_3A）と反応するとエトリンガイトを生成する。エトリンガイトは体積膨張するため，コンクリートにひび割れを引き起こす。

・海水中に含まれる塩化マグネシウムはコンクリート中の水酸化カルシウムと反応して，水溶性の塩化カルシウムを生成する。水溶性なので，コンクリート内部が溶け出し，多孔質になる場合がある。

・鉄筋と型枠の間のスペーサはコンクリート製，モルタル製で本体コンクリートと同等以上の品質のものを使用する。鋼製は錆びやすいので用いない。

7-10 高強度コンクリート

　高強度コンクリートは普通コンクリートよりも強度が高く，JASS5では，設計基準強度は**36 N/mm²**を超えるコンクリートと規定されています。コンクリート標準示方書では設計基準強度は**50～100 N/mm²**程度の高強度コンクリートに対する留意点などが記されています。

〈特徴〉
- ・高強度コンクリートは水セメント比が小さく，**粘性が大きい**。したがって，ポンプ圧送する場合の圧力損失は通常の強度のコンクリートよりも大きい。
- ・バイブレータによる振動締固めの影響範囲が狭くなる。
- ・仕上げ作業が困難である。
- ・**プラスティック収縮ひび割れ**（自己収縮ひび割れ）が発生しやすい。
- ・高強度とするために，セメント量は多くする必要がある。したがって，水和熱の発生も多くなるので，温度ひび割れ対策として，低熱ポルトランドセメントや中庸熱ポルトランドセメントを使用することが多い。
- ・シリカフュームや高炉スラグ微粉末をプレミックスしたセメントも使用される。
- ・セメント量が多く，緻密な構造となるため，**中性化の進行速度は遅い**。
- ・高強度コンクリートには，**高性能 AE 減水剤が比較的多く使用**されており，冬期など温度の低い時期には**凝結が遅れ，仕上げの時期も遅くな**る。

　吹付けコンクリートには，トンネルの一次覆工（掘削直後の岩盤が崩落しないように固定する）に使用されるトンネル用吹付けコンクリート，のり面の風化や侵食の防止に使用されるのり面吹付けコンクリートなどがある。

　以下に特徴，留意点を示す。

〈特徴・留意点〉

・吹付け方式には湿式と乾式がある。**湿式はあらかじめ練り混ぜたフレッシュコンクリート**を吹き付けるものである。**乾式**はドライミックスのコンクリート材料（水を含まないコンクリート材料）に**ノズル**（吹付け材料の噴射口）**近傍で水を加えて**吹き付ける方式である。

・吹付けたコンクリートの剥離や剥落を防止するために，**凝結や早期強度を増進させる急結剤が使用される**。

・湿式は乾式と比較して粉じんや跳ね返りが少なく，吹付けられたコンクリートの品質も安定している

・**乾式**は湿式よりも吹付け機からノズルまでの**圧送距離を長くとれる**。

〈7－1暑中コンクリート〉
【問題1】

暑中コンクリートに関する次の記述のうち，正しいものを答えよ。

(1) 日平均気温が30℃を超える時は，暑中コンクリートとして対応をしなければならない。

(2) コンクリート温度が高い場合，硬化が早くなるので，コールドジョイントの発生が懸念される。

(3) 製造時，練り上がり温度を低くする目的で水や骨材温度を下げてはならない。

(4) 原則として早強ポルトランドセメントを使用する。

解　説

(1) 日平均気温が25℃を超える時は，暑中コンクリートとして対応をしなければならない。

(2) 記述のとおりである。

(3) 製造時，練り上がり温度が低くなるよう，水や骨材温度を下げることが有効である。

(4) 水和熱が大きくなるセメント（早強ポルトランドセメント等）は使用しないようにする。

解答(2)

【問題2】

暑中コンクリートに関する次の記述のうち，正しいものを答えよ。

(1) 低熱型のセメントを用いる場合は強度の保証材齢を28日としなければならない。

(2) コンクリート温度を下げる目的であっても骨材は冷却してはならない。

(3) 凝結時間を遅くするために，混和剤はAE減水剤促進型の使用が有効である。

(4) 高性能 AE 減水剤は単位水量および単位セメント量の低減，スランプの保持性にすぐれており，暑中コンクリートに有効である。

解 説

(1) 発熱の小さい低熱ポルトランドセメント，中庸熱ポルトランドセメントなどを用いる場合は，強度の保証材齢を56日や91日にする。

(2) 骨材はできるだけ温度が低いほうがよい。冷却方法として冷水の散布，液体窒素による冷却などがある。

(3) 凝結時間を遅くするために，混和剤は AE 減水剤遅延型，高性能 AE 減水剤遅延型の使用が有効である。

(4) 記述のとおりである。

解答(4)

【問題3】
暑中コンクリートに関する次の記述のうち，正しいものを答えよ。
(1) 所要のスランプを得るための単位水量が少なくできる。
(2) AE 剤の使用量をやや少なくする。
(3) コンクリートを打込む前には，地盤，型枠等のコンクリートから吸水する恐れのある部分を湿潤状態に保つ。
(4) スランプの経時変化を小さくしたい場合は，高性能 AE 減水剤よりも AE 減水剤を用いるほうがよい。

解 説

(1) コンクリート温度が高いので単位水量，所要のスランプを得るための単位水量が多くなる。

(2) 気温が高いと，空気が連行されにくいので，AE 剤の使用量をやや多くする。

(3) 記述のとおりである。

(4) スランプの経時変化を小さくしたい場合は，AE 減水剤よりも高性能 AE 減水剤を用いるほうがよい。

解答(3)

【問題 4 】

暑中コンクリートに関する次の記述のうち，正しいものを答えよ。

(1) コンクリートを練り混ぜてから打ち終るまでの時間は，2.5時間を超えてはならない。

(2) 暑中コンクリートは初期の強度発現は速やかであるが，長期の強度増進は小さい。型枠・鉄筋等が直射日光を受けて高温になる場合には，散水，覆い等の適切な処置を施す。

(3) 打込み時のコンクリートの温度は，40℃以下とする。

(4) コールドジョイント防止のために，促進型の混和剤を用いるとよい。

解　説

(1) コンクリートの打込みはできるだけ早く行い，練り混ぜてから打ち終るまでの時間は，1.5時間を超えてはならない。

(2) 記述のとおりである。気温が高いとコンクリートの硬化が早い。

(3) 打込み時のコンクリートの温度は，35℃以下とする。

(4) コールドジョイント防止のためには，遅延型の混和剤を用いるとよい。それにより硬化が遅くなる。

解答(2)

〈7 - 2　寒中コンクリート〉

【問題 5 】

寒中コンクリートに関する次の記述のうち，正しいものを答えよ。

(1) 日平均気温が 4 ℃以下の時は寒中コンクリートとして対応をしなければならない。

(2) 低熱ポルトランドセメントの使用を標準とする。

(3) 水和熱によるひび割れが懸念されたので，早強ポルトランドセメントの使用を検討した。

(4) 高炉セメントB種の使用は禁止されている。

解　説

(1) 記述のとおりである。

(2) 普通ポルトランドセメントや早強ポルトランドセメントの使用を標準とする。

(3) 水和熱によるひび割れが懸念される場合には，中庸熱ポルトランドセメント，混合セメントB種（高炉セメントB種など）などの使用も検討する。

(4) 高炉セメントB種の使用は禁止されていない。

解答(1)

【問題6】

寒中コンクリートに関する次の記述のうち，正しいものを答えよ。

(1) セメントの加熱は35℃以下とする。

(2) 骨材の加熱は70℃未満とする。

(3) 水，骨材の混合温度は40℃以下とする。

(4) 耐凍害性が要求されるコンクリートの骨材はJISの安定性試験における損失質量が細骨材では15%以下としている。

解　説

(1) セメントは加熱してはならない。

(2) 骨材は加熱することができる。ただし，その温度は65℃未満とする。

(3) 記述のとおりである。

(4) 耐凍害性が要求されるコンクリートの骨材はJISの安定性試験における損失質量が細骨材では10%以下，粗骨材では12%以下のものを用いることを標準としている。

解答(3)

【問題7】

寒中コンクリートに関する次の記述のうち，誤っているものを答えよ。

(1) 混和剤はAE剤，AE減水剤，高性能AE減水剤の使用を標準としている。

(2) 空気量を適度に保つことにより，耐凍害性を高めることができる。

(3) コンクリートの凝結，硬化を促進したい場合には遅延型減水剤を用い

る。

(4) AEコンクリート（AE剤を使用したコンクリート）の空気量は4％以上，6％以下とする。

【解　説】

(1) 記述のとおりである。

(2) 記述のとおりである。

(3) コンクリートの凝結，硬化を促進したい場合には硬化促進剤，促進形減水剤を用いる。

(4) 記述のとおりである。

解答(3)

【問題8】

寒中コンクリートに関する次の記述のうち，正しいものを答えよ。

(1) コンクリートの運搬及び打込みは，できるだけ水和熱を逃がすよう工夫する。

(2) 荷卸し時のコンクリート温度はJASS5では5℃以上としている。

(3) 打込み時のコンクリートの温度は，土木学会コンクリート標準示方書では，構造物の断面寸法，気象条件等を考慮して，5〜20℃の範囲で定める，としている。

(4) 打継目の旧コンクリートが凍結している場合でも打継ぐ際にこれを溶かしてはならない。

【解　説】

(1) コンクリートの運搬及び打込みは，熱量の損失を少なくするように行う。

(2) 荷卸し時のコンクリート温度はJASS5では10〜20℃としている。

(3) 記述のとおりである。

(4) 打継目の旧コンクリートが凍結している場合には，適当な方法でこれを溶かし，コンクリートを打ち継がなければならない。

解答(3)

練習問題

【問題 9】
　寒中コンクリートに関する次の記述のうち，適切でないものを答えよ。
　(1)　養生中のコンクリート温度を10℃以上に保つようにした。
　(2)　コンクリート打設後，気温が下がり凍結が予想されたので，スラブの天端を断熱シートで養生した。
　(3)　JASS5ではコンクリート打込み後91日までの積算温度が840℃・日以下となる場合に，寒中コンクリートを適用すると定めている。
　(4)　コンクリート打設後，初期材齢でコンクリートが凍結した場合には給熱養生を実施することにより，所定の強度や耐久性を回復させる。

[解　説]
　(1)　養生中コンクリート温度は 5 ℃以上に保たなければならないので，10℃以上に保つことは正しい。
　(2)　記述のとおりである。
　(3)　記述のとおりである。
　(4)　コンクリート打設後，初期材齢でコンクリートが凍結してしまうと，その後，いかなる養生を行っても，所定の強度や耐久性を発現することはできない。

解答(4)

〈7 − 3　マスコンクリート〉
【問題10】
　マスコンクリートに関する次の記述のうち，誤っているものを答えよ。
　(1)　温度ひび割れはセメントの水和熱が主な原因である。
　(2)　下部が拘束された壁厚50 cm 以上のコンクリートではマスコンクリートとしての対応が必要である。
　(3)　温度ひび割れは，発生機構によって内部拘束によるひび割れと外部拘束によるものがある。
　(4)　マスコンクリートで用いられる温度ひび割れ指数は，この値が大きいほどコンクリートにひび割れが発生しやすい。

(1)　記述のとおりである。

(2)　記述のとおりである。土木学会コンクリート標準示方書では，下部が拘束された壁厚50 cm 以上のコンクリート，スラブ厚80〜100 cm 以上コンクリートはマスコンクリートとしての対応が必要となる，としている。

(3)　記述のとおりである。

(4)　マスコンクリートで用いられる温度ひび割れ指数は，ある材齢において，ある部位の引張強度（ f_t ）を水和熱により発生する応力 σ_t で除した値（ f_t / σ_t ）であり，この値が小さいほどコンクリートにひび割れが発生しやすい。

解答(4)

【問題11】

マスコンクリートに関する次の記述のうち，適切でないものを答えよ。

(1)　早強セメントが用いられることが多い。

(2)　混和材を用いることは温度ひび割れ抑制効果がある。

(3)　骨材のプレクーリングによりコンクリートの練り上がり温度を下げる。

(4)　所定の品質を満足する範囲内で，できるだけ単位セメント量，単位水量を少なくする。

解　説

(1)　水和熱を抑えるため，低発熱形セメント（低熱ポルトランドセメント，中庸熱ポルトランドセメント）の使用が望ましい。早強セメントは水和熱が大きく，温度ひび割れを促進するので適さない。

(2)　記述のとおりである。フライアッシュ，高炉スラグ微粉末等の混和材を用いることにより，セメント量を減らすことができる。それにより，水和熱を少なくすることができ，温度ひび割れ抑制効果がある。

(3)　記述のとおりである。骨材のプレクーリング（他の材料と練混ぜる前にあらかじめ冷やしておくこと）によりコンクリートの練り上がり温度

練習問題

を下げることができるので，温度ひび割れ抑制効果がある。

(4) 記述のとおりである。

解答(1)

【問題12】

　マスコンクリートに関する次の記述のうち，正しいものを答えよ。

(1) パイプクーリングにおける冷水の通水はコンクリート打設完了後，1
　～2時間経過後に開始するのがよい。

(2) 打設後のコンクリート温度は，打込み時のコンクリート温度には影響
　されず，配合に左右されるところが大きい。

(3) 打設後のコンクリート温度は，気温，型枠の材質，打込み区画の大き
　さ，打込み高さにより異なる。

(4) ひび割れの幅を小さくするために鉄筋の本数を増やすことは有効でな
　い。

解　説

(1) パイプクーリングにおける冷水の通水はコンクリート打込み開始後，
　ただちに開始する。

(2) 打込み時のコンクリート温度が高いほど，打設後のコンクリート温度
　も高くなり，温度ひび割れが発生する可能性も高くなる。配合だけでな
　く，打設時のコンクリート温度が大きく影響する。

(3) 記述のとおりである。

(4) ひび割れの幅を小さくするために鉄筋の本数を増やすことは有効であ
　る。

解答(3)

【問題13】

　マスコンクリートに関する次の記述のうち，正しいものを答えよ。

(1) 内部拘束によるひび割れは，下部が拘束された壁部材に発生しやす
　い。

(2) 内部拘束による温度ひび割れは打設後，2～3ヵ月後に発生しやす

い。

(3) 内部拘束によるひび割れは，初期材齢の部材内部の温度が高いほど発生しやすい。

(4) 保温性のよい型枠を使用すると内部拘束による温度ひび割れを誘発する。

解　説

(1) 内部拘束はコンクリート表面と内部の温度差から生じるひび割れである。内部が水和熱により高温になると膨張を起こし表面にひび割れを発生させるものである。下部が拘束された壁部材に発生しやすいのは外部拘束の場合である。

(2) 内部拘束による温度ひび割れは初期の段階（打設後，数日の間）に発生する。

(3) 記述のとおりである。

(4) 内部拘束によるひび割れ対策として保温性のよい型枠を使用するのは有効である。それによりコンクリート表面と内部の温度差を小さくすることができる。

解答(3)

【問題14】

マスコンクリートに関する次の記述のうち，正しいものを答えよ。

(1) コンクリート打設後，コンクリート温度低下のために，可能な限り早く型枠をはずすことが望ましい。

(2) 下部が拘束されている壁コンクリートや，下部が岩盤で拘束されている底版コンクリートなどに生じるひび割れは内部拘束によるものである。

(3) 外部拘束によるひび割れを抑制するためには，リフト高さやブロック割をできるだけ大きくする。

(4) ひび割れ誘発目地とは，ひび割れが発生しやすいように，コンクリート断面を各種材料で欠損させるものである。

(1)　コンクリート打設後，コンクリート温度が最高に達した後もできる限り型枠を残しておく。それにより，表面温度の低下を防止することができる。

(2)　下部が拘束されている壁コンクリートや，下部が岩盤で拘束されている底版コンクリートなどが，コンクリート打設後，コンクリート温度が低下する際に収縮を起こすが，下部が拘束されているためひび割れが発生する。これは外部拘束による温度ひび割れである。このひび割れは部材を貫通する場合がある。

(3)　外部拘束によるひび割れを抑制するためには，拘束面の延長を短くしたり，面積を小さくすることが有効である。また，リフト高さやブロック割を小さくして，コンクリート温度の上昇を抑制することも有効である。

(4)　記述のとおりである。外部拘束によるひび割れ対策として，ひび割れ誘発目地の設置は有効である。

解答(4)

【問題15】

マスコンクリートに関する次の記述のうち，正しいものを答えよ。

(1)　貫通ひび割れは，外部拘束よりも，内部拘束によるひび割れ時に発生しやすい。

(2)　ひび割れ誘発目地は内部拘束によるひび割れに対して，設置の検討が必要である。

(3)　打設時のコンクリート温度を低くすることにより，温度ひび割れが抑制できる。

(4)　拘束面の延長が短いほど，温度ひび割れが発生しやすくなる。

解　説

(1)　貫通ひび割れは，内部拘束よりも，外部拘束によるひび割れ時に発生しやすい。

(2)　ひび割れ誘発目地は外部拘束によるひび割れに対して，検討が必要で

ある。

(3)　記述のとおりである。

(4)　拘束面の延長が長いほど，温度ひび割れが発生しやすくなる。

解答(3)

〈7－4　水中コンクリート〉

【問題16】

　水中コンクリートに関する次の記述のうち，誤っているものを答えよ。

(1)　水中コンクリートは地下連続壁や場所打ち杭などの施工で用いられる。

(2)　打設時にコンクリートが水に触れるため，気中での打設に比べて分離が生じやすい。

(3)　水中で打設するためコンクリート強度が低下しやすい。

(4)　水中で打設するため粘性の低い配合が求められる。

解　説

(1)　水中コンクリートは地下水の存在する環境で打設する場合（地中連続壁，場所打ち杭などの施工）や，海水中に直接打設（水中不分離コンクリートを使用）する場合に用いられる。

(2)　記述のとおりである。

(3)　記述のとおりである。

(4)　粘性が高く，強度の大きい配合が求められる。

解答(4)

【問題17】

　一般的な水中コンクリートに関する次の記述のうち，誤っているものを答えよ。

(1)　コンクリートは，静水中に打込むのを原則とする。やむを得ない場合でも地下水の流速は5 cm/s以下とする。

(2)　コンクリートは，水中での落下高さは1 mとする。

(3)　コンクリートは，その面をなるべく水平に保ちながら所定の高さ又は

水面上に達するまで連続して打込む。

(4) 打込み中，コンクリートをできるだけかき乱さないようにする。

解　説

(1) 記述のとおりである。

(2) コンクリートは，水中で落下させてはならない。ただし，水中不分離コンクリートは水中落下高さ50 cm 以下とされている。

(3) 記述のとおりである。

(4) 記述のとおりである。

解答(2)

【問題18】

一般的な水中コンクリートに関する次の記述のうち，誤っているものを答えよ。

(1) コンクリートが硬化するまで，水の流動を防ぐ。

(2) 水セメント比は50%以下を標準とする。

(3) 単位セメント量は300 kg/m³を標準とする。

(4) 水中コンクリートは細骨材率を大きくして粘性を高める。

解　説

(1) 記述のとおりである。

(2) 記述のとおりである。

(3) 単位セメント量は370 kg/m³を標準とする。

(4) 記述のとおりである。

解答(3)

【問題19】

一般的な水中コンクリートに関する次の記述のうち，正しいものを答えよ。

(1) スランプを小さくして粘性を高めるとよい。

(2) 粘性が大きいため，ポンプ圧送負荷は通常のコンクリートより大きく

なる。

(3) 細骨材率は粗骨材に砂利を用いる場合は30〜35%程度とし，砕石を用いる場合はさらに 3 〜 5 ％程度増やす。

(4) 水セメント比は55%以下と規定されている。

[解　説]

(1) スランプを大きくして流動性を高めなければならない。粘性も高める必要がある。

(2) 記述のとおりである。

(3) 細骨材率は粗骨材に砂利を用いる場合は40〜45%程度とし，砕石を用いる場合はさらに 3 〜 5 ％程度増やす。

(4) 水セメント比は50%以下と規定されている。

解答(2)

【問題20】

水中不分離コンクリートに関する次の記述のうち，正しいものを答えよ。

(1) 水中不分離コンクリートとは，水中不分離性混和剤を使用して，流動性を高めた水中コンクリートである。

(2) 水中不分離コンクリートは，セルフレベリング性は期待できない。

(3) 水中不分離コンクリートは，しばしば水質汚濁が問題になる。

(4) 水中不分離コンクリートは高性能減水剤を使用するため，凝結時間が長い。

[解　説]

(1) 水中不分離性混和剤によって材料分離抵抗性を高めたコンクリートである。流動性は高性能減水剤によって発現させる。

(2) 水中不分離コンクリートは流動性が高く，分離抵抗性も高い。また自己充填性が高く，セルフレベリング性（自動的に打設面が水平になる）もある。

(3) 水中不分離コンクリートは水中に打設しても水質の汚濁がほとんどない。粘性が高いため，分離が生じにくいからである。

(4) 記述のとおりである。

解答(4)

【問題21】
　水中不分離コンクリートに関する次の記述のうち，正しいものを答えよ。
(1) 乾燥収縮量が通常のコンクリートと比較して小さい。
(2) 耐凍害性が低いので凍結融解作用を受ける部位には施工しないのがよい。
(3) 粘性が非常に高いので，流水中での打設も認められている。
(4) 品質管理はスランプで行う。

解　説
(1) 乾燥収縮量が通常のコンクリートと比較して大きい。
(2) 記述のとおりである。
(3) 打設は静水中とし，トレミー，コンクリートポンプを用いる。
(4) 品質管理はスランプフローで行う。

解答(2)

【問題22】
　水中不分離コンクリートに関する次の記述のうち，正しいものを答えよ。
(1) 打設時の水平移動距離は10 m以下とする。
(2) 打設時の水中落下高さは1.2 m以下とする。
(3) 型枠に作用する側圧は液圧の80%として計算する。
(4) 水中気中強度比は70%として配合強度を設定する。

解　説
(1) 打設時の水平移動距離は5 m以下とする。
(2) 打設時の水中落下高さは50 cm以下とする。
(3) 流動性が高いため，型枠に作用する側圧は液圧として計算する。
(4) 記述のとおりである。水中気中強度比とは，水中で作成した供試体の強度と，気中で作成した供試体の強度の比である。

【問題23】

　場所打ち杭，地下連続壁に使用する水中コンクリートに関する次の記述のうち，正しいものを答えよ。

　(1)　場所打ち杭や地下連続壁は掘削，コンクリート打設，鉄筋かご挿入の順で施工される。

　(2)　コンクリート打設は，安定液が満たされた掘削孔に安定液と混合するように行う。

　(3)　掘削終了時，コンクリート打設前にスライムの除去を行うことは，コンクリート強度を弱める。

　(4)　トレミー管の先端は打設中，コンクリートに2m以上入れておく。

解　説

　(1)　場所打ち杭や地下連続壁は掘削，鉄筋かご挿入，コンクリート打設の順で施工される。

　(2)　コンクリート打設は，孔底からコンクリートを打ち上げていき，安定液を地上に押し上げるようにして，コンクリートを置き換える方法で行う。安定液が混合すると，コンクリート強度が下がるので，混ざらないように注意して施工する。

　(3)　スライム（孔底に溜まった泥分）はコンクリート強度の低下につながるので除去する。

　(4)　記述のとおりである。場所打ち杭，地下連続壁に使用する水中コンクリートは，トレミーを用いて打込む。安定液とコンクリートが混ざらないように，トレミー管の先端は打設中，コンクリートに2m以上入れておく。

解答(4)

【問題24】

　場所打ち杭，地下連続壁に使用する水中コンクリートに関する次の記述のうち，正しいものを答えよ。

(1) コンクリート標準示方書では単位セメント量は350 kg/m³以上，水セメント比は55％以下，スランプは18～21 cm を標準とする。

(2) 鉄筋のかぶりは20 cm 以上を標準とする。

(3) 余盛り高さは10 cm 以上とする。

(4) 水中気中強度比は安定液を用いる場合は90％として配合強度を設定する。

【解　説】

(1) 記述のとおりである。

(2) 鉄筋のかぶりは一般のコンクリートよりも大きくする。10 cm 以上を標準とする。

(3) コンクリートの上端には，レイタンスや除去しきれなかったスライムなどが含まれているので，設計高さよりも高くまで打設する。それを余盛りという。余盛り高さは50 cm 以上とする。

(4) 水中気中強度比（水中で作成した供試体の強度と気中で作成した供試体の強度の比）は80％，安定液を用いる場合は70％として配合強度を設定する。

解答(1)

〈7－5　高流動コンクリート〉

【問題25】

高流動コンクリートに関する次の記述のうち，正しいものを答えよ。

(1) 高流動コンクリートは流動性を著しく高めているが，粘性が高いのでバイブレータで締固めることを前提としている。

(2) 過密配筋箇所のコンクリート打設には不向きである。

(3) 流動性を高めるために混和剤として，AE 剤を使用している。

(4) 高流動コンクリートは流動性と材料分離抵抗性の2面性をほどよく持ち合わせたコンクリートといえる。

【解　説】

(1) 高流動コンクリートは締固めをしなくても型枠の隅々までコンクリー

トがいきわたるようにしたものである。これを自己充填性（じこじゅうてんせい）という。バイブレータによる締固めを前提とはしていない。流動性を高めると分離しやすくなるので，それを防ぐために，粉体（セメントや混和材）量を増やしたり，増粘剤によって粘性を持たせている。

(2) 締固めが困難な部位，過密配筋箇所などのコンクリート打設において用いられることが多い。

(3) 流動性を高めるために混和剤として，高性能 AE 減水剤を使用している。

(4) 記述のとおりである。

解答(4)

【問題26】

高流動コンクリートに関する次の記述のうち，正しいものを答えよ。

(1) 粉体系高流動コンクリートは粉体を増加して流動性を高めている。

(2) 増粘剤系高流動コンクリートは増粘剤により材料分離抵抗性を高めている。

(3) 併用系高流動コンクリートは，流動化剤と粉体で流動性と材料抵抗性を付与している。

(4) JASS5では目標とするスランプフロー値は70 cm と規定されている。

解　説

(1) 粉体系高流動コンクリートは増粘剤を用いず，粉体（セメントと混和材）を増加して粘性を高めている。

(2) 記述のとおりである。

(3) 併用系高流動コンクリート粉体を増加し，増粘剤も使用している。

(4) JASS5では目標とするスランプフロー値は55 cm 以上65 cm 以下と規定されている。

解答(2)

　高流動コンクリートに関する次の記述のうち，正しいものを答えよ。
(1)　高流動コンクリートの流動性は振動台式コンシステンシー試験で調べる。
(2)　間隙通過性とは，鉄筋と鉄筋の間のコンクリートの通過しやすさのことである。
(3)　ポルトランドセメントを用いる場合は普通ポルトランドセメントが有効である。
(4)　普通のコンクリートと比べて，高流動コンクリートのフレッシュ性状は，細骨材の表面水率に影響されにくい。

　解　説

(1)　高流動コンクリートの流動性はスランプフロー試験で調べる。
(2)　記述のとおりである。
(3)　ポルトランドセメントを用いる場合は中庸熱または低熱ポルトランドセメントが有効である（セメント量が多いので水和熱をさげる必要があるため）。
(4)　普通のコンクリートと比べて，高流動コンクリートのフレッシュ性状は，細骨材の表面水率に影響されやすい。したがって，工場における表面水率の管理が重要となる。

解答(2)

【問題28】

　高流動コンクリートに関する次の記述のうち，正しいものを答えよ。
(1)　JASS5では荷卸し時のスランプフロー試験での目標スランプに対する許容差は±10 cm である。
(2)　JASS5では荷卸し時のスランプフローは40 cm を下回らず，70 cm を超えないものとしている。
(3)　JASS5では高流動コンクリートの単位水量は150 kg/m³以下となっている。
(4)　JASS5では水結合材比〔単位水量/（単位セメント量＋単位混和材量）〕は50%以下とする。

(1) JASS5では荷卸し時のスランプフロー試験での目標スランプに対する許容差は±7.5 cm である。

(2) JASS5では荷卸し時のスランプフローは50 cm を下回らず，70 cm を超えないものとしている。

(3) JASS5では高流動コンクリートの単位水量は175 kg/m³以下となっている。

(4) 記述のとおりである。

解答(4)

【問題29】

高流動コンクリートに関する次の記述のうち，正しいものを答えよ。

(1) JASS5では自由流動距離は30 m 程度としている。

(2) 自己充填性は実績率の小さい粗骨材を使用すると向上する。

(3) 高流動コンクリートは間隙通過性を高くするために，通常のコンクリートよりも単位粗骨材量を小さくする。

(4) 流動性は間隙通過性試験で，自己充填性はスランプフロー試験で評価する。

(1) JASS5では自由流動距離（筒先から出たコンクリートが自然に移動する距離）は20 m 程度としている。

(2) 自己充填性は実績率の大きい粗骨材を使用すると向上する。

(3) 記述のとおりである。

(4) 流動性はスランプフロー試験，自己充填性は間隙通過性試験で評価する。

解答(3)

【問題30】

高流動コンクリートに関する次の記述のうち，正しいものを答えよ。

(1) 最大自由落下高さは1.5 m 程度以下とするのがよい。

⑵　水平移動距離はコンクリート標準示方書では5m以下を標準としている。

⑶　型枠の設計はフレッシュコンクリートの液圧の75%が作用するものとして計算する。

⑷　粘性が大きいのでポンプ圧送時の圧力損失が大きい。

解　説

⑴　最大自由落下高さは5m程度以下とするのがよい。

⑵　水平移動距離（筒先から出たコンクリートが自然に移動する距離）はコンクリート標準示方書では8m以下を標準としている。

⑶　型枠の設計はフレッシュコンクリートの液圧（が100%作用するもの）として計算する。

⑷　記述のとおりである。

解答⑷

【問題31】

高流動コンクリートに関する次の記述のうち，正しいものを答えよ。

⑴　普通のコンクリートより，粉体が多いのでブリーディングが多い。

⑵　コンクリート表面を仕上げる際，粘りがあるので，均しやすい。

⑶　高流動コンクリートは高性能 AE 減水剤を用いているので，普通のコンクリートよりも凝結が遅い。

⑷　粉体系高流動コンクリートは増粘剤を用いて粘性を高めている。

解　説

⑴　粉体が多いので，粉体に水分が吸着するため，ブリーディングは少なくなる。

⑵　コンクリート表面を仕上げる際，粘りがあるとベタついて均しにくい。

⑶　記述のとおりである。

⑷　粉体系高流動コンクリートは増粘剤を用いず，粉体（セメントと混和材）を増加して粘性を高めている。

〈7－6　流動化コンクリート〉

【問題32】

流動化コンクリートに関する次の記述のうち，正しいものを答えよ。

(1) 流動化コンクリートはコンクリート製造時に流動化剤を添加しなければならない。

(2) 流動化コンクリートのスランプの増大量は15 cm 以下を原則とする。

(3) 流動化剤を添加する前のコンクリートをベースコンクリート，添加後撹拌したコンクリートを流動化コンクリートと呼ぶ。

(4) 流動化によるコンクリートの圧縮強度の変化は±10%以内と規定されている。

解　説

(1) 流動化コンクリートは，あらかじめ，練混ぜられたコンクリートに，後で流動化剤を添加するコンクリートである。

(2) 流動化コンクリートのスランプの増大量は10 cm 以下を原則とする。

(3) 記述のとおりである。

(4) 流動化コンクリートの配合計画は流動化によるコンクリートの圧縮強度の変化がないものとして行う。

【問題33】

流動化コンクリートに関する次の記述のうち，正しいものを答えよ。

(1) 流動化コンクリートのスランプの経時変化は通常のコンクリートの場合より大きい。

(2) 流動化コンクリートは，流動化後60分以内で打設を完了するのが望ましい。

(3) ベースコンクリートの細骨材率は通常よりも小さくする。

(4) 現場での添加方式が原則であり，工場で添加する工場添加方式は認められていない。

練習問題

(1)　記述のとおりである。

(2)　流動化コンクリートは，流動化後20～30分以内で打設を完了するのが望ましい。

(3)　ベースコンクリートの細骨材率は通常よりも高くする。

(4)　現場では流動化剤を生コン車（トラックアジテータ）に添加，撹拌し，流動性を高める。これを現場添加方式という。一方，工場で添加する場合を工場添加方式といい，認められている。

解答(1)

〈7－7　舗装コンクリート〉

【問題34】

舗装コンクリートに関する次の記述のうち，正しいものを答えよ。

(1)　粗骨材の最大寸法は20 mm 以下とする。

(2)　舗装時のスランプは5 cm を標準とする。

(3)　粗骨材のすり減り減量の限度はすり減り減量35％を標準とする。

(4)　材齢28日における引張強度を設計の基準とする。

(1)　粗骨材の最大寸法は40 mm 以下とする。

(2)　舗装時のスランプは2.5 cm を標準とする。

(3)　記述のとおりである。

(4)　材齢28日における曲げ強度を設計の基準とする。

解答(3)

【問題35】

舗装コンクリートに関する次の記述のうち，正しいものを答えよ。

(1)　JIS A 5308にしたがい，空気量及び許容差は6.0±1.5％とした。

(2)　コンシステンシーはスランプで2.5 cm，振動台式コンシステンシー試験で沈下度は30秒としている。

(3)　舗装コンクリートの舗装版の表面はできるだけ平滑にし，摩擦が生じ

ないようにする。

(4) スランプ2.5 cm の舗装コンクリートはダンプトラックで運搬しては
ならない。

[解　説]

(1) JIS A 5308では空気量及び許容差は4.5±1.5%と規定されているため
誤りである。

(2) 記述のとおりである。

(3) 舗装コンクリートの舗装版の表面は，平坦仕上げを行った後，車両な
どのすべり防止，光線の反射緩和などを目的として粗面に仕上げる。

(4) 運搬はスランプ2.5 cm の舗装コンクリートのみ，ダンプトラックで
運搬できる。

解答(2)

〈7－8　水密コンクリート〉

【問題36】

水密コンクリートに関する次の記述のうち，正しいものを答えよ。

(1) 水セメント比は JASS5では40%以下としている。

(2) 粗骨材の最大寸法が大きいほうが水密性は高まる。

(3) 水密性向上を目的とした膨張材の使用は禁止されている。

(4) 水密性向上のために，シリカフュームを用いるのは有効である。

[解　説]

(1) 水セメント比は JASS5では50%以下としている。

(2) 粗骨材の最大寸法は小さいほうが水密性は高まる。

(3) 水密性向上のために膨張材を用いるのは有効である。コンクリートが
体積膨張を起こすことにより，ひび割れを抑制できる。

(4) 記述のとおりである。

解答(4)

【問題37】

　水密コンクリートに関する次の記述のうち，正しいものを答えよ。

　(1)　膨張材を使用する場合の目安は10 kg/m³程度である。

　(2)　水密性向上のために，早強ポルトランドセメントを用いるのは有効である。

　(3)　単位水量を減じても水密性向上にはつながらない。

　(4)　水セメント比はコンクリート標準示方書では55%以下としている。

解　説

　(1)　膨張材を使用する場合の目安は30 kg/m³程度である。

　(2)　水密性向上のために，早強ポルトランドセメントを用いるのは有効でない。

　(3)　単位水量を減じることは水密性向上につながる。

　(4)　記述のとおり正しい。JASS5では水セメント比は50%以下としている。

解答(4)

〈7－9　海洋コンクリート〉

【問題38】

海洋コンクリートに関する次の記述のうち，誤っているものを答えよ。

　(1)　コンクリート中の鋼材腐食に対する環境条件は，海中，飛沫帯，大気中の順に厳しい。

　(2)　海水中の塩化ナトリウムは鋼材腐食を促進させる。

　(3)　海水中に含まれる塩化マグネシウムはコンクリート中の水酸化カルシウムと反応して，水溶性の塩化カルシウムを生成する。

　(4)　感潮帯（最高潮位から上60 cmと最低潮位から下60 cmとの間）には打継ぎ目を設けないようにする。

解　説

　(1)　コンクリート中の鋼材腐食に対する環境条件は，飛沫帯→大気中→海中の順に厳しい。

(2)(3)(4)　記述のとおりである。

解答(1)

【問題39】

海洋コンクリートに関する次の記述のうち，正しいものを答えよ。
(1)　空気に触れるところよりも完全な水中の方が，腐食が激しい。
(2)　凍結融解作用による劣化は，海水中よりも淡水中のほうが大きい。
(3)　打継ぎ目の位置は施工性から設定するのがよい。
(4)　海水中の硫酸マグネシウムはコンクリート中の水酸化カルシウムと反応してコンクリートの膨張ひびわれを引き起こす。

【解　説】
(1)　空気に触れるところの方が，腐食が激しい。
(2)　凍結融解作用による劣化は，海水中のほうが大きい。塩化物イオンがコンクリート中に浸入して，鉄筋を腐食させる。
(3)　打継ぎ目は海水が浸入しやすく弱点となりやすいので，設置位置は感潮帯を避けるようにする。
(4)　記述のとおりである。最終的にエトリンガイトを生成して体積膨張を起こす。

解答(4)

【問題40】

海洋コンクリートに関する次の記述のうち，正しいものを答えよ。
(1)　構造物の部位を大気中，飛沫帯，海中で分類した場合，大気中の場合が最も水セメント比を小さくしなければならない。
(2)　スペーサは原則として鋼製を用いる。
(3)　海水中に含まれる塩化マグネシウムはコンクリートを多孔質にさせる場合がある。
(4)　海水中に含まれる硫酸マグネシウムはコンクリート中の水酸化カルシウムと反応してコンクリートの耐久性を向上させる。

(1)　最大水セメント比は飛沫帯→大気中→海中の順で大きくなる。飛沫帯が最も劣化しやすいので，水セメント比を小さくしなければならない。

(2)　スペーサはコンクリート製，モルタル製を用いる。鋼製は錆びやすいので用いない。

(3)　記述のとおりである。海水中に含まれる塩化マグネシウムはコンクリート中の水酸化カルシウムと反応して，水溶性の塩化カルシウムを抑制する。水溶性なので，コンクリート内部が溶け出し，多孔質になる場合がある。

(4)　海水中に含まれる硫酸マグネシウムはコンクリート中の水酸化カルシウムと反応してコンクリートを劣化させる。その際，せっこうが生成し，それがセメント中のアルミン酸三カルシウム（C_3A）と反応するとエトリンガイトを生成する。エトリンガイトは体積膨張するため，コンクリートにひび割れを引き起こす。

解答(3)

〈7－10　高強度コンクリート〉

【問題41】

　高強度コンクリートに関する次の記述のうち，正しいものを答えよ。

(1)　JASS5では，設計基準強度は60 N/mm²を超えるコンクリートと規定されている。

(2)　コンクリート標準示方書では設計基準強度は50 N/mm²程度の高強度コンクリートに対する留意点などが記されている。

(3)　高強度コンクリートをポンプ圧送する場合の圧力損失は通常の強度のコンクリートよりも大きい。

(4)　バイブレータによる振動締固めの影響範囲が広くなる。

解　説

(1)　JASS5では，設計基準強度は36 N/mm²を超えるコンクリートと規定されている。

(2)　コンクリート標準示方書では設計基準強度は60〜100 N/mm²程度の高強度コンクリートに対する留意点などが記されている。

(3)　記述のとおりである。高強度コンクリートは粘性が大きいので圧力損失は通常の強度のコンクリートよりも大きい。

(4)　粘性が大きいので，バイブレータの効果が小さい。振動締固めの影響範囲が狭くなる。

解答(3)

【問題42】

高強度コンクリートに関する次の記述のうち，正しいものを答えよ。

(1)　仕上げ作業が容易である。

(2)　プラスティック収縮ひび割れが発生しやすい。

(3)　早強ポルトランドセメントを使用することが多い。

(4)　中性化の進行速度が速い。

解　説

(1)　仕上げ作業が困難である。

(2)　記述のとおりである。セメント量が多いので自己収縮によるひび割れが発生しやすい。

(3)　低熱ポルトランドセメントや中庸熱ポルトランドセメントを使用することが多い。

(4)　セメント量が多く，緻密な構造となるため，中性化の進行速度は遅い。

解答(2)

練習問題

<7-11 吹付けコンクリート>
【問題43】

吹付けコンクリートに関する次の記述のうち誤っているものを答えよ。

(1) 湿式はあらかじめ練り混ぜたフレッシュコンクリートを吹き付けるものである。

(2) 付けたコンクリートの剥落を防止するために，凝結や早期強度を増進させる急結剤が使用される。

(3) 湿式は乾式と比較して粉じんや跳ね返りが少なく，吹き付けられたコンクリートの品質も安定している。

(4) 湿式は乾式よりも吹付け機からノズルまでの圧送距離を長くとれる。

[解 説]

(1) 記述のとおりである。一方，乾式はドライミックスのコンクリート材料（水を含まないコンクリート材料）にノズル（吹付け材料の噴射口）近傍で水を加えて吹き付ける方式である。

(2) (3) 記述のとおりである。

(4) 吹付け機からノズルまでの圧送距離を長くとれるのは乾式である。

解答(4)

第 8 章

コンクリート製品

　工場で製作されるコンクリート製品の特徴および製造方法について学びます。

コンクリート製品

　コンクリート製品は，コンクリート二次製品とも呼ばれます。道路側溝に用いられるＵ字溝などがその一例です。コンクリート製品は，工事現場で打設するのとは異なり，工場で部材を製作し，現場に搬入して設置するものです。品質が確保されていること，工期短縮，コスト削減などのメリットがあります。

　工場でも，現場でも，コンクリート構造物の製作は基本的に，型枠，鉄筋組立て，生コン打設，養生，脱型という手順となります。

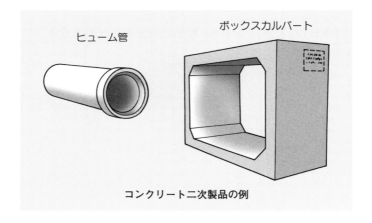

コンクリート二次製品の例

（1） 成形および締固め

① 遠心力締固め

コンクリートを打ち込んだ型枠を**遠心機により回転させる**ことによって成形および締固めを行う方法です。遠心力締固めを行うと**断面の外側**ほどコンクリートの組織は緻密になります。遠心力により，**脱水効果**があるため水セメント比が小さくなります。ヒューム管（遠心力鉄筋コンクリート管），**プレテンション方式遠心力高強度プレストレスコンクリートくい**，プレストレストコンクリート管，推進管などに用いられます。

② 加圧締固め

型枠にフレッシュコンクリートを投入した後，**加圧脱水時の圧力を保持した状態**で蒸気養生を行う方法です。脱水されるため，水セメント比が小さくなり，密実なコンクリートとなります。コンクリート矢板などに用いられます。

③ 振動加圧締固め（即時脱型方式）

硬練りコンクリート（使用するコンクリートの**スランプは 0 cm**）を型枠に投入し，**振動と加圧により成形**し，即時に脱型する方式です。各種ブロック，コンクリート板，コンクリート蓋など**小型構造物**に用いられます。

④ 振動締固め

通常の生コン打設時と同様の方法です。**型枠に生コンを投入し，バイブレーターで振動させ，締固める方法**です。ボックスカルバート，鉄筋コンクリートＬ型擁壁，道路用鉄筋コンクリート側溝，道路橋用プレストレストコンクリート橋桁などに用いられます。対象は大型のコンクリート構造物であり，それらの分割部材を製作するものです。分割部材は現場に運搬し，現場で組み立てます。

（2）常圧蒸気養生

常圧蒸気養生では，コンクリート製品は製造速度を早めるために，蒸気で高温な環境にて促進養生が実施されます。以下に特徴を示します。

- 常圧蒸気養生は**練混ぜ後，2〜3時間経過**してから行う。これを**前養生**という。練混ぜ後すぐに蒸気養生を開始すると，有害なひび割れが発生する。前養生の後，昇温し，最高温度を維持した後，蒸気を停止して**徐々に温度を低下**させる。
- 常圧蒸気養生では養生温度の上昇速度は**20℃/h以下**とする。
- 常圧蒸気養生では養生温度は**65℃以下**とする。

（3）高温高圧蒸気（オートクレーブ）養生

オートクレーブ養生は一般に常圧蒸気養生を終えて，脱型したコンクリートに対して行う**二次養生**です。PC杭の製造に採用されています。

- オートクレーブ養生中の等温等圧（最高温度と最高圧力を保つ状態）時の環境は**温度180℃，1MPa（10気圧）**程度である。
- **オートクレーブ養生後の強度増進はほとんどみられない。**
- オートクレーブ養生を行うと高温高圧条件下の水和反応により，コンクリートを製造した翌日には材齢28日強度と同程度の強度を得ることができる。

【問題 1】

コンクリート製品に関する次の記述のうち，正しいものを答えよ。

⑴　遠心力締固めはコンクリートを打ち込んだ型枠を遠心機により回転させることによって成形および締固めを行う方法である。

⑵　加圧締固めは型枠に生コンを投入し，バイブレーターで振動させ，締固める方法である。

⑶　即時脱型方式は型枠にフレッシュコンクリートを投入した後，加圧脱水時の圧力を保持した状態で蒸気養生を行う方法である。

⑷　振動締固めは，硬練りコンクリートを型枠に投入し，振動と加圧により成形し，即時に脱型する方式である。

【解　説】

⑴　記述のとおりである。

⑵　加圧締固めは型枠にフレッシュコンクリートを投入した後，加圧脱水時の圧力を保持した状態で蒸気養生を行う方法である。

⑶　即時脱型方式は硬練りコンクリートを型枠に投入し，振動と加圧により成形し，即時に脱型する方式である。

⑷　振動締固めは，型枠に生コンを投入し，バイブレーターで振動させ，締固める方法である。

解答⑴

【問題 2】

コンクリート製品に関する次の記述のうち，正しいものを答えよ。

⑴　常圧蒸気養生は練混ぜ後，できるだけ速やかに行わなければならない。

⑵　遠心力締固めを行うと断面全体が均一なコンクリート組織となる。

⑶　加圧締固めを行うと密実なコンクリートとなる。

⑷　オートクレーブ養生を行う場合は，常圧蒸気養生の前に実施する。

(1)　常圧蒸気養生は練混ぜ後，2〜3時間経過してから行う。

(2)　遠心力締固めを行うと断面の外側ほどコンクリートの組織は緻密になる。

(3)　記述のとおりである。加圧締固めではコンクリート中の水分が脱水されるため，水セメント比が小さくなり，密実なコンクリートとなる。

(4)　オートクレーブ養生は一般に常圧蒸気養生を終えて，脱型したコンクリートに対して行う二次養生である。

解答(3)

【問題3】

コンクリート製品に関する次の記述のうち，正しいものを答えよ。

(1)　常圧蒸気養生は前養生の後，昇温し，最高温度を維持した後，急冷して耐久性を向上させるものである。

(2)　オートクレーブ養生中の等温等圧時の環境は温度300℃，2MPa 程度である。

(3)　オートクレーブ養生後は気中で，3ヶ月程度にわたり，強度増進が見られる。

(4)　遠心力締固めを行うと，断面の外側ほど水セメント比が小さくなる。

(1)　常圧蒸気養生は前養生の後，昇温し，最高温度を維持した後，蒸気を停止して徐々に温度を低下させる。急激な冷却は有害なひび割れを引き起こす。

(2)　オートクレーブ養生中の等温等圧（最高温度と最高圧力を保つ状態）時の環境は温度180℃，1 MPa（10気圧）程度である。

(3)　オートクレーブ養生後，強度増進はほとんどみられない。

(4)　記述のとおりである。遠心力締固めを行うと断面の外側ほど遠心力による脱水効果があるため，水セメント比が小さくなる。

【問題 4 】

コンクリート製品に関する次の記述のうち，適切でないものを答えよ。
⑴　遠心力締固めは PC 杭（PC パイル）の製造に用いられる。
⑵　加圧締固めはコンクリート矢板の製造に用いられる。
⑶　即時脱型方式はボックスカルバートなど大型構造物に用いられる。
⑷　振動締固めは道路橋用プレストレストコンクリート橋桁に用いられる。

解　説

⑴　記述のとおりである。その他，遠心力締固めは，ヒューム管，プレストレストコンクリート管，推進管などの製造に用いられる。
⑵　記述のとおりである。
⑶　適切ではない。即時脱型方式は大型構造物ではなく，各種ブロック，コンクリート板，コンクリート蓋など小型構造物に用いられる。
⑷　記述のとおりである。振動締固めはボックスカルバート，鉄筋コンクリート L 型擁壁，道路用鉄筋コンクリート側溝，道路橋用プレストレストコンクリート橋桁などに用いられる。対象は大型のコンクリート構造物であり，それらの分割部材を製作するものである。

解答⑶

【問題 5 】

コンクリート製品に関する次の記述のうち，正しいものを答えよ。
⑴　常圧蒸気養生では養生温度の上昇速度は30℃/h 以下とする。
⑵　常圧蒸気養生の等温等圧時の環境は温度180℃，1 MPa 程度である。
⑶　オートクレーブ養生では養生温度は65℃以下とする。
⑷　オートクレーブ養生後の強度増進はほとんどみられない。

解　説

⑴　常圧蒸気養生では養生温度の上昇速度は20℃/h 以下とする。

(2) 常圧蒸気養生ではなく，オートクレーブ養生中の等温等圧（最高温度と最高圧力を保つ状態）時の環境が温度180℃，1MPa（10気圧）程度である。

(3) オートクレーブ養生ではなく，常圧蒸気養生での養生温度が65℃以下としている。

(4) 記述のとおりである。

解答(4)

【問題 6】

コンクリート工場製品に関する次の記述のうち適当なものはどれか。

(1) 常圧蒸気養生後のオートクレーブ養生は脱型せずそのまま行う。

(2) 工場製品を蒸気養生した後は，養生室の温度が急激に下がることを避け，外気温と大差ない温度まで下がってから製品を取り出さなければならない。

(3) 工場製品では原則として，早強セメントを使用することになっている。

(4) オートクレーブ養生を行ったコンクリートは材齢 3 日における圧縮強度を基準としている。

解 説

(1) 脱型してからオートクレーブ養生を行う。

(2) 記述のとおりである。

(3) 原則はない。普通ポルトランドセメントが最も多く用いられている。早強ポルトランドセメントは早期に高強度が得られるのでプレストレスとコンクリート工場製品に用いられることが多い。

(4) 蒸気養生の場合，一般のコンクリートほど強度増進が見込めない。一般の工場製品は14日，オートクレーブ養生等の特殊な養生を行った製品は14日以前の適切な材齢の圧縮強度を基準とすることとしている。

解答(2)

第 9 章

鉄筋コンクリート構造

　コンクリート構造物に発生するひび割れの形状や，鉄筋で補強する場合の配筋位置について学びます。

　下図は建物の柱と壁を表しています。矢印の柱が下に下がった場合，図のようなひび割れが発生します。左図のひび割れ箇所の拡大図を示すと，右下の吹出しの図となります。**変形が生じた際，引張力の働く方向に対して，直角にひび割れが発生します。**

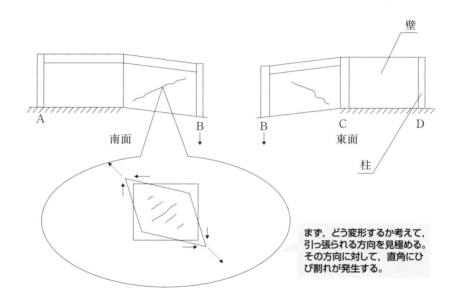

壁

A　　　　　　　　　　B

南面

B　　　　　　C　　　　　D

東面

柱

まず，どう変形するか考えて，引っ張られる方向を見極める。その方向に対して，直角にひび割れが発生する。

●各種ひび割れ

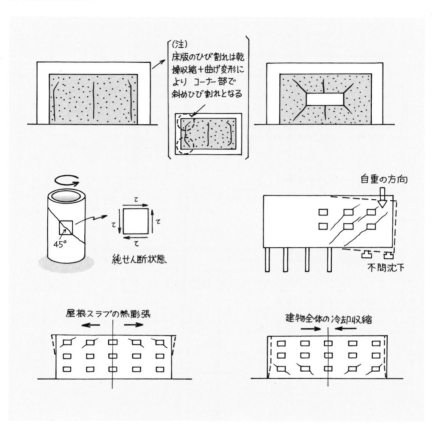

(注)
床版のひび割れは乾燥収縮＋曲げ変形によりコーナー部で斜めひび割れとなる

純せん断状態

45°

自重の方向

不同沈下

屋根スラブの熱膨張

建物全体の冷却収縮

●下記の図のように下部が拘束され，梁と柱で囲まれた壁体にみられる乾燥収縮ひび割れは下記のようになる。

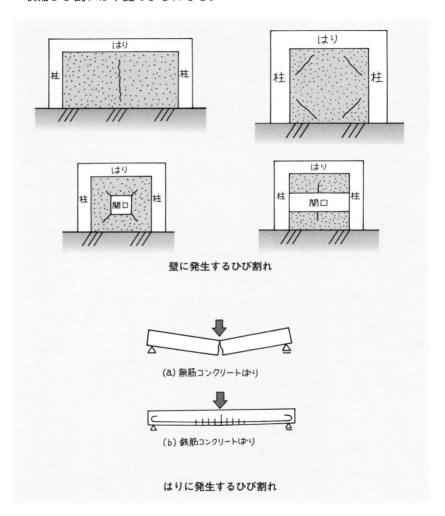

壁に発生するひび割れ

(a) 無筋コンクリートばり

(b) 鉄筋コンクリートばり

はりに発生するひび割れ

9-2 鉄筋コンクリート構造

（1）構造形式

① 単純ばり

　図のようにはりの下側にひび割れが発生するので，**鉄筋は下側を補強する目的で配置**します。

② 各種はり

　変形状態と鉄筋配置を理解しましょう。

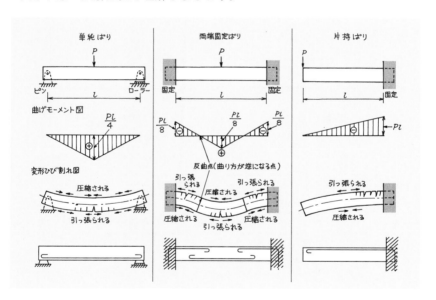

　構造物の引っ張られる部分に鉄筋を配置します。鉄筋は引張力に抵抗しています。

例題

（a）～（d）のうち図のようなひび割れが発生しないのはどれか。

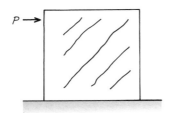

（a）壁部材

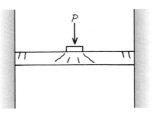

（b）スラブ部材の断面

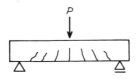

（c）単純はり部材

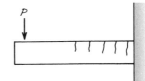

（d）片持ちはり部材

《解答》（a）

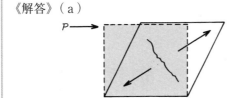

矢印の方向に引張り力がはたらき
図のようにひび割れが発生する

（2）一般事項

- 鉄筋コンクリートでは，曲げモーメントに対して，**コンクリートは引張力を受け持たないものとして設計する**。引張力は鉄筋が負担する。
- **圧縮力は主にコンクリートが負担**する。一部，圧縮鉄筋も圧縮力を負担する。したがって，圧縮鉄筋を配置すると，コンクリートの負担圧縮応力が小さくなる。
- **せん断力はコンクリートとせん断補強筋が負担**する。**せん断補強筋**は，**はりではスターラップ（あばら筋），折り曲げ鉄筋，柱ではフープ筋（帯鉄筋，帯筋）**やらせん筋などがある。スターラップ，フープ筋はせん断力を負担するだけでなく，**軸方向鉄筋を所定の位置に保つ役割**もある。

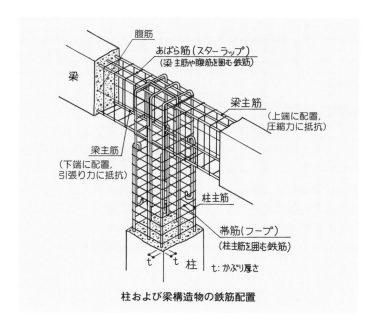

柱および梁構造物の鉄筋配置

- はり，柱等ではせん断破壊は曲げ破壊よりも一般に急激な破壊を示す。**せん断破壊よりも曲げ破壊が先行**して生じるように設計するのがよい。
- 曲げひび割れ幅を小さくするためには主鉄筋の応力度を小さくすることが有効である。そのためには，**鉄筋量を増やす**。鉄筋の本数を多くして応力を分散させることによりひび割れ幅を小さくすることができる。
- **曲げ耐力（曲げモーメントに対する抵抗力）**を大きくするためには，断面の幅を大きくするよりも有効高さを大きくすることが有効である。
- 鉄筋とコンクリートには**付着力**が生じている。したがって鉄筋コンクリートに荷重が作用した時に，**鉄筋とコンクリートは一体となって変形**している。鉄筋とコンクリートの付着力を大きくするには，接触面積を大きくすることとひっかかりを多くすることである。例えば，鉄筋を長くする，フック（先端をU字型に折り曲げる）をつける，径を太くする，などである。
- **コンクリートの軸方向のひずみは，中立軸からの距離に比例**する。単純ばりの中央に荷重をかけた場合では，中央下端がもっとも大きなひずみを生じる。

（3）ひび割れ制御

　鉄筋コンクリートはりのひび割れを小さくする方法としては以下のとおりです。はりの断面の大きさと引張主鉄筋の総断面積は同じ場合，

- 径の細い鉄筋にして，本数を多くする。それにより，コンクリートと鉄筋の**総付着面積が大きく**なり，ひび割れが発生しにくくなる。
- 丸鋼を**異形棒鋼**に変更する。異形棒鋼は表面に突起があるので，コンクリートとの付着力が大きくなる。
- 乾燥収縮の小さいコンクリートを用いる。乾燥収縮によりひび割れが発生しやすい。

【問題 1 】

　下記の図のうち，柱とはりに囲まれた壁に生じる収縮ひび割れとして発生
しないと考えられるものを選びなさい。

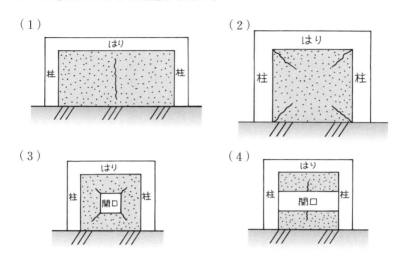

（1）

（2）

（3）

（4）

解　説

　（2）には下記のひび割れが発生する。

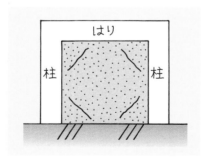

解答(2)

【問題２】

　下記の図のうち，生じるひび割れとして正しい組み合わせを選びなさい。
ひび割れの図が正しい場合を○，誤っている場合を×とする。

	(a)	(b)	(c)	(d)
(1)	○	×	○	○
(2)	×	○	○	○
(3)	○	○	○	×
(4)	○	○	×	×

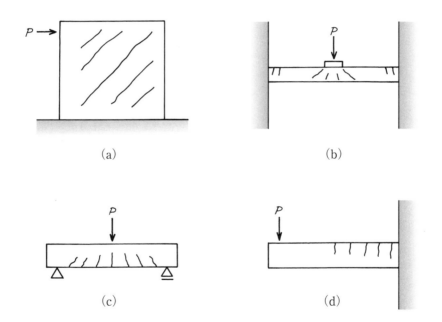

(a)　　　　　　　　　　　　　　　　　(b)

(c)　　　　　　　　　　　　　　　　　(d)

解　説

　(a) のみ誤っている。ひび割れの入り方が逆向きになっている。

解答(2)

【問題3】

鉄筋コンクリート構造に関する次の記述のうち，正しいものを答えよ。

(1) 鉄筋コンクリートでは，曲げモーメントに対して，引張力はコンクリートが負担し，鉄筋は引張力を受け持たないものとして設計する。

(2) せん断力はコンクリートとせん断補強筋が負担する。

(3) 曲げひび割れ幅を小さくするためには主鉄筋の応力度を大きくすることが有効である。

(4) 鉄筋コンクリートに荷重が作用した時に，鉄筋とコンクリートはそれぞれ固有の変形をしている。

解説

(1) 鉄筋コンクリートでは，曲げモーメントに対して，引張力は鉄筋が負担し，コンクリートは引張力を受け持たないものとして設計する。

(2) 記述のとおりである。

(3) 曲げひび割れ幅を小さくするためには主鉄筋の応力度を小さくすることが有効である。

(4) 鉄筋とコンクリートには付着力が生じている。したがって鉄筋コンクリートに荷重が作用した時に，鉄筋とコンクリートは一体となって変形している。

解答(2)

【問題4】

鉄筋コンクリート構造に関する次の記述のうち，正しいものを答えよ。

(1) ひび割れを抑制するうえで異形棒鋼を丸鋼に変更することは有効である。

(2) 圧縮鉄筋を配置してもコンクリートの負担圧縮応力軽減には効果が小さい。

(3) はり，柱等では曲げ破壊はせん断破壊よりも一般に急激な破壊を示す。

(4) コンクリートの軸方向のひずみは，中立軸からの距離に比例する。

(1) 丸鋼より異形棒鋼のほうがコンクリートとの付着力が大きいのでひび割れ抑制効果が高い。

(2) 圧縮鉄筋を配置すると，鉄筋が圧縮力を一部負担するのでコンクリートの負担圧縮応力が小さくなる。

(3) はり，柱等では，せん断破壊は曲げ破壊よりも一般に急激な破壊を示す。せん断破壊よりも曲げ破壊が先行して生じるように設計するのがよい。

(4) 記述のとおりである。コンクリートの軸方向のひずみは，中立軸からの距離に比例する。単純ばりの中央に荷重をかけた場合では，中央下端がもっとも大きなひずみを生じる。

解答(4)

【問題5】

鉄筋コンクリート構造に関する次の記述のうち，適切なものを答えよ。

(1) はりの断面の大きさと引張主鉄筋の総断面積を同じとした場合，径の細い鉄筋にして，本数を多くすることはひび割れ抑制に有効である。

(2) 乾燥収縮の大きいコンクリートを用いることはひび割れ抑制に有効である。

(3) 圧縮力は主に鉄筋が，一部コンクリートも負担する。

(4) フープ筋は軸方向鉄筋を所定の位置に保つことが主な役割である。

解　説

(1) 記述のとおりである。コンクリートと鉄筋の総付着面積が大きくなり，ひび割れが発生しにくくなる。

(2) 乾燥収縮の小さいコンクリートを用いることはひび割れ抑制に有効である。

(3) 圧縮力は主にコンクリートが，一部圧縮鉄筋も負担する。

(4) フープ筋はせん断力を負担することが主な役割で，さらに軸方向鉄筋を所定の位置に保つ目的もある。

解答(1)

【問題6】
　鉄筋コンクリート構造に関する次の記述のうち，正しいものを答えよ。
(1)　はり，柱では，曲げ破壊よりもせん断破壊が先行して生じるように設計するのがよい。
(2)　単純ばりの中央に荷重をかけた場合では，中央上端がもっとも大きなひずみを生じる。
(3)　せん断補強筋には，はりではフープ筋や折り曲げ鉄筋，柱ではスターラップ，帯筋などがある。
(4)　曲げ耐力を大きくするためには，断面の幅を大きくするよりも有効高さを大きくすることが有効である。

　解　説
(1)　はり，柱では，せん断破壊よりも曲げ破壊が先行して生じるように設計するのがよい。
(2)　単純ばりの中央に荷重をかけた場合では，中央下端がもっとも大きなひずみを生じる。
(3)　せん断補強筋は，はりではスターラップ（あばら筋），折り曲げ鉄筋，柱ではフープ筋（帯鉄筋，帯筋）やらせん筋などがある。
(4)　記述のとおりである。

解答(4)

第10章

プレストレストコンクリート

　プレストレストコンクリートのプレテンション方式とポストテンション方式の概要と特徴について学びます。

10-1 プレストレストコンクリート

　プレストレストコンクリートは，コンクリート内に配置した PC 鋼線にプレストレス力を導入し，曲げモーメントに対する抵抗性を高めたものです。PC 鋼線の緊張時期によりプレテンション方式とポストテンション方式があります。

（1）プレテンション方式

　コンクリート打設に先立って PC 鋼材を緊張し，硬化後，緊張力を開放します。PC 鋼材とコンクリートの**付着力**によりプレストレスを与えます。製作手順は下図のとおりです。

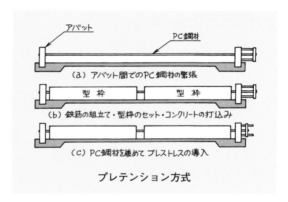

プレテンション方式

　プレテンション方式では，**コンクリートと PC 鋼材の付着**によってコンクリートにプレストレス力が導入されています。

（2）ポストテンション方式

　コンクリート硬化後に PC 鋼材を緊張し，定着材を用いてプレストレスを与える方式です。製作手順は下図のとおりです。

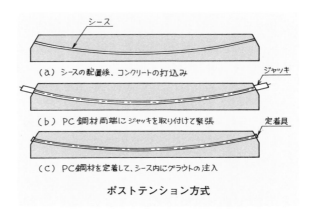

（a）シースの配置後、コンクリートの打込み

（b）PC 鋼材両端にジャッキを取り付けて緊張

（c）PC鋼材を定着して、シース内にグラウトの注入

ポストテンション方式

　ポストテンション方式では，緊張された **PC 鋼材を定着具で固定**することによってコンクリートにプレストレス力を導入しています。

（3）一般事項

・プレストレストコンクリートは，**はり部材**で多く用いられる。プレストレス力により引張り力を相殺している（**プレストレス力は引張応力が生じる領域に導入するのが効果的であり，引張力に弱いコンクリートの性質を改善している**）。したがって軸圧縮力が卓越する柱部材より，はり部材に適している。

・**35〜50 N/mm²程度**の高強度のコンクリートが用いられる。プレストレス導入のため早期の強度発現が求められることから，早強ポルトランドセメントが使用される場合が多い。

・断面を小さくできるので，大きいスパンの橋梁などに用いられる。

・PC 鋼線の強度は非常に大きく**鉄筋の 2 〜 4 倍**である。

・部材に導入されたプレストレスは，コンクリートの**乾燥収縮やクリープ**によって時間の経過とともに減少する。

・部材に導入されたプレストレスは，**PC 鋼材のリラクゼーション**によって時間の経過とともに減少する。

・プレテンション方式では，コンクリートとPC鋼材の付着によってコンクリートにプレストレス力が導入されている。同一種類の製品を**大量に製造する場合**に採用されることが多い。

・**ポストテンション方式**では，緊張された**PC鋼材を定着具で固定する**ことによってコンクリートにプレストレス力を導入している。

・ポストテンション方式は，ボンド工法とアンボンド工法に分類される。

※ボンド工法はシースとPC鋼材の隙間にグラウト（セメントミルク）を注入することで，コンクリートとPC鋼材の付着を確保している。

※アンボンド工法はシース内にグリースを注入するなどしてPC鋼材とコンクリートの間に付着応力を発生させないようにしている。

・プレストレス導入時に必要なコンクリート圧縮強度は緊張により生じるコンクリートの最大圧縮応力度の**1.7倍以上**と規定されている。さらに，プレテンション方式ではコンクリートの圧縮強度が**30 N/mm²**，ポストテンション方式では**20 N/mm²**を下回ってはならないとされている。

【問題1】

プレストレストコンクリートに関する次の記述のうち，正しいものを答えよ。

(1) ポストテンション方式はコンクリート打設に先立って PC 鋼材を緊張し，硬化後，緊張力を開放する。PC 鋼材とコンクリートの付着力によりプレストレスを与える。

(2) プレテンション方式はコンクリート硬化後に PC 鋼材を緊張し，定着材を用いてプレストレスを与える方式である。

(3) プレストレストコンクリートは，はり部材で多く用いられる。

(4) 設計基準強度が30 N/mm²程度のコンクリートが用いられる。

解　説

(1) プレテンション方式の説明文である。

(2) ポストテンション方式の説明文である。

(3) 記述のとおりである。

(4) 35〜50 N/mm²程度の高強度のコンクリートが用いられる。

解答(3)

【問題2】

プレストレストコンクリート構造に関する次の記述のうち，正しいものを答えよ。

(1) 断面を小さくできるので，大きいスパンの橋梁などに用いられる。

(2) PC 鋼線の強度は鉄筋の同程度である。

(3) 部材に導入されたプレストレスは，コンクリートの乾燥収縮やクリープによって増加する。

(4) 部材に導入されたプレストレスは，PC 鋼材のリラクゼーションによって時間の経過とともに増加する。

(1)　記述のとおりである。

(2)　PC 鋼線の強度は非常に大きく鉄筋の 2 ～ 4 倍である。

(3)　部材に導入されたプレストレスは，コンクリートの乾燥収縮やクリープによって時間の経過とともに減少する。

(4)　部材に導入されたプレストレスは，PC 鋼材のリラクゼーションによって時間の経過とともに減少する。

解答(1)

【問題 3 】

　プレストレストコンクリート構造に関する次の記述のうち，正しいものを答えよ。

(1)　プレテンション方式では，緊張された PC 鋼材を定着具で固定することによってコンクリートにプレストレス力を導入している。

(2)　ポストテンション方式では，コンクリートと PC 鋼材の付着によってコンクリートにプレストレス力が導入されている。

(3)　プレストレス導入時に必要なコンクリート圧縮強度は緊張により生じるコンクリートの最大圧縮応力度の1.7倍以上と規定されている。

(4)　プレストレス導入時に必要なコンクリート圧縮強度はプレテンション方式では40 N/mm²，ポストテンション方式では30 N/mm²を下回ってはならないとされている。

解　説

(1)　ポストテンション方式の説明文である。

(2)　プレテンション方式の説明文である。

(3)　記述のとおりである。

(4)　プレテンション方式ではコンクリートの圧縮強度が30 N/mm²，ポストテンション方式では20 N/mm²を下回ってはならないとされている。

解答(3)

模擬テスト

模擬テスト　問　題

四肢択一式

【問題1】

　セメントに関する次の記述のうち，適当なものはどれか。
　(1)　ポルトランドセメントでは，セメントの密度の下限値を規定している。
　(2)　高炉セメントでは，高炉セメントC種の高炉スラグの分量（質量%）
　　　について，60を超え70以下と規定している。
　(3)　中庸熱ポルトランドセメントでは，けい酸三カルシウムの含有率につ
　　　いて，8%以下と規定している。
　(4)　フライアッシュセメントでは，フライアッシュセメントB種のフラ
　　　イアッシュの分量（質量%）について，20を超え30以下と規定している。

【問題2】

　セメントに関する次の記述のうち，適当なものはどれか。
　(1)　高炉B種セメントには材齢1日の圧縮強さの下限値が規定されている。
　(2)　高炉セメントA種はアルカリシリカ反応抑制に効果がある。
　(3)　フライアッシュセメントには塩化物イオンの上限値が規定されていない。
　(4)　速硬エコセメントには全アルカリ量の下限値が規定されている。

【問題3】

骨材とコンクリートに関する次の記述のうち，不適当なものはどれか。

(1) 磁鉄鉱などの密度の大きい骨材を用いたコンクリートは，X線やγ線に対する遮へい性能が高くなる。

(2) 実積率の小さい粗骨材を用いたコンクリートは，所要のワーカビリティーを得るために必要な単位水量が小さくなる。

(3) 粘土の含有量の多い山砂を用いたコンクリートは，プラスティック収縮ひび割れが発生しやすい。

(4) プレソーキングやプレウェッティングが不十分な人工軽量骨材を用いたコンクリートは，ポンプ圧送中のスランプの低下が大きい。

【問題4】

骨材に関する次の記述のうち，不適当なものはどれか。

(1) 微粒分が少ない骨材を用いると，コンクリートのブリーディング量は減少する。

(2) 骨材の貯蔵設備は，レディーミクストコンクリートの最大出荷量の1日分以上に相当する骨材を貯蔵できるものでなければならない。

(3) 骨材の単位容積質量及び実積率試験に用いる試料は，絶乾状態とする。

(4) 「安定性試験」試験の損失量が多いとは耐凍害性が低い。

【問題5】

AE剤の標準的な使用量に関する次の記述のうち，不適当なものはどれか。

(1) コンクリートの練上がり温度が高いほど，AE剤の使用量は減少する。

(2) フライアッシュ中の未燃カーボンが多いほど，AE剤の使用量は増加する。

(3) セメントの比表面積が小さいほど，AE剤の使用量は減少する。

(4) 回収水中のスラッジ固形分が多いほど，AE剤の使用量は増加する。

【問題6】

　普通ポルトランドセメントの50%を高炉スラグ微粉末4000で置換したコンクリートの特性に関して，普通ポルトランドセメントのみを使用したコンクリートと比較した場合の記述として不適当なものはどれか。

- (1) 中性化速度は速くなる。
- (2) 耐海水性は向上する。
- (3) 低温時の強度発現性は向上する。
- (4) 材齢91日の圧縮強度は大きくなる。

【問題7】

　鋼材に関する次の記述のうち，不適当なものはどれか。

- (1) SBPR785/1030は，耐力が785 N/mm²以上，引張強さが1030 N/mm²以上のPC鋼棒を表す。
- (2) D51は，公称断面積が5.1 cm²の異形棒鋼を表す。
- (3) SD295B は，降伏点が295 N/mm²以上で，かつ，その上限値が求められている異形棒鋼を表す。
- (4) SR235は，降伏点が235 N/mm²以上の丸鋼を表す。

【問題8】

　練混ぜ水に関する次の記述のうち，適当なものはどれか。

- (1) 地下水は「上水道水以外の水」に分類されるが，無色透明である場合は，懸濁物質の量と溶解性蒸発残留物の量の試験を省略することができる。
- (2) スラッジ水は「回収水」に分類され，回収水の品質基準を満足するとともに，スラッジ固形分率の限度規定を超えない範囲で使用しなければならない。
- (3) 工業用水は，品質が管理されて供給されているので，試験を行わなくても使用できる。
- (4) 河川水と上澄水を混合した水は，混合後の品質が「回収水」の規定に適合していれば，原水の試験を行わなくても使用できる。

【問題9】

　水セメント比40.0％および62.5％のコンクリートの材齢28日の圧縮強度試験結果が，それぞれ46.0 N/mm²，26.2 N/mm²であった。水セメント比を50.0％とした場合の材齢28日の圧縮強度試験結果として適当なものはどれか。ただし，コンクリートの圧縮強度（F'c）とセメント水比（C/W）との間に直線関係が成立するものとする。

　　(1)　28.4 N/mm²　　　(2)　31.6 N/mm²

　　(3)　35.0 N/mm²　　　(4)　40.5 N/mm²

【問題10】

　下表に示す標準配合のコンクリートがある。1バッチの練り混ぜ量が2.0 m³の時，このコンクリートの修正標準配合における計量水量の値として適当なものはどれか。ただし，細骨材の表面水率は3.90％，粗骨材の表面水率は0.50％とし，AE減水剤は原液を4倍に希釈して用いる。

単位量 （kg/m³）				
水	セメント	細骨材	粗骨材	AE 減水剤
165	300	764	1076	0.6

骨材は表面乾燥飽水状態（表乾状態）とする。

　　(1)　269 kg/m³

　　(2)　256 kg/m³

　　(3)　173 kg/m³

　　(4)　128 kg/m³

【問題11】

　フレッシュコンクリートに対して行うスランプ試験に関する次の記述のうち，適当なものはどれか。

　　(1)　試料の詰め方は，ほぼ等しい高さで3層に分けて詰める。

　　(2)　突き棒で試料を突きながら詰める時の突き数は25回とし，材料分離のおそれのあるときは，回数を減らす。

　　(3)　スランプコーンの引き上げ時間は約10秒とする。

　　(4)　スランプは0.1 cm単位まで測定する。

【問題12】

　フレッシュコンクリートのブリーディングに関する次の記述のうち，不適当なものはどれか。

(1)　空気量が多く，単位水量が少ないほど，ブリーディング量は減少する。

(2)　細骨材の粗粒率が大きく，細骨材率が小さいほど，ブリーディング量は減少する。

(3)　水セメント比が小さく，スランプが小さいほど，ブリーディング量は減少する。

(4)　セメントの粉末度が高く，凝結が早いほど，ブリーディング量は減少する。

【問題13】

　フレッシュコンクリートの空気量に関する次の記述のうち，適当なものはどれか。

(1)　エントレインドエアは，コンクリートの流動性やワーカビリティーにほとんど影響しない。

(2)　耐凍害性を確保するために必要な空気量は，粗骨材の最大寸法が大きくなるほど大きくなる。

(3)　コンクリートの締固め中に失われる気泡は，大部分が気泡径の小さいもので，気泡径の大きいものはあまり減少しない。

(4)　コンクリートの練上がり温度が高くなると，同一の空気量を得るためのAE剤は多くなる。

【問題14】

　コンクリートの強度に関する次の一般的な記述のうち，適当なものはどれか。

(1)　水セメント比（W/C）が一定の場合，空気量1％の増加によって圧縮強度は約10％低下する。

(2)　圧縮強度が高強度になるほど（引張強度／圧縮強度）の値は大きくなる。

(3)　圧縮強度が高くなると鉄筋との付着強度は高くなる。

(4)　圧縮強度の大さと静弾性係数の大きさには相関性はみられない。

【問題15】

硬化したコンクリートに関する次の記述のうち，不適当なものはどれか。

(1) コンクリートを加熱した場合，弾性係数よりも強度の低下が著しい。

(2) 石灰質骨材を用いると耐火性が低下する。

(3) 水セメント比が大きいと透水係数は大きくなる。

(4) AE剤の適切な使用量にて製造したAEコンクリートは透水係数が小さくなる。

【問題16】

硬化したコンクリートに関する次の記述のうち，不適当なものはどれか。

(1) 圧縮強度が大きいコンクリートほど同一応力におけるクリープひずみは小さくなる。

(2) 自己収縮は水セメント比が小さいほど大きくなる。

(3) 高強度コンクリートは通常のコンクリートよりも自己収縮が小さくなる。

(4) コンクリートの熱膨張係数（線膨張係数）は骨材の岩質によって変化する。

【問題17】

コンクリートのひび割れに関する次の記述のうち，不適当なものはどれか。

(1) 微粒分の多い砂を用いたコンクリートは，乾燥収縮によるひび割れが発生しやすい。

(2) セメント量の多いコンクリートは，水和熱による温度ひび割れが発生しやすい。

(3) 早強ポルトランドセメントを用いたコンクリートは，水和熱による温度ひび割れが発生しやすい。

(4) 膨張材を用いたコンクリートは，乾燥収縮によるひび割れが発生しやすい。

【問題18】

　コンクリートの耐久性に関する次の記述のうち，不適当なものはどれか。

(1)　アルカリシリカ反応を抑制するために高炉セメントのC種を使用した。

(2)　アルカリシリカ反応による膨張が最大となるときの，骨材に含まれる反応性骨材の割合をペシマム量という。

(3)　密実なコンクリートほど中性化の進行は遅い。

(4)　フライアッシュセメントを用いたコンクリートは中性化の抑制効果がある。

【問題19】

　コンクリートの耐久性に関する次の記述のうち，不適当なものはどれか。

(1)　凍結融解を受けるコンクリート構造物では，日が当たらない部分より日が当たる部分のほうが劣化を生じやすい。

(2)　塩酸はセメント水和物を分解してコンクリートを劣化させる。

(3)　硫酸塩がコンクリートに著しい膨張を生じさせるのは水酸化カルシウムの生成が原因である。

(4)　下水に含まれる硫酸塩は管路や下水処理場のコンクリートに著しい劣化を生じさせる。

【問題20】

　コンクリートの耐久性に関する次の記述のうち，不適当なものはどれか。

(1)　中性化は経過時間の平方根に比例する。

(2)　コンクリートは海水に含まれる塩化マグネシウムによって劣化する。

(3)　コンクリート中に塩化物イオンが一定量以上存在すると鉄筋の不動態被膜が破壊され，鉄筋の表面にアノード部（陽極），カソード部（陰極）が生じて電流が流れ，鉄筋に腐食が生じる。

(4)　密実なコンクリートでは塩化物イオンの拡散係数は大きくなる。

　下表は，レディーミクストコンクリート製造時の材料の計量における目標とする１回計量分量，量り取られた計量値および計量誤差を示したものである。各材料の計量の合格・不合格の組合せとして適当なものはどれか。

材料の種類	セメント	水	細骨材	粗骨材	混和剤
目標とする１回計量分量（kg）	314	157	893	1012	3.15
量り取られた計量値（kg）	317	155	917	980	3.20

合格・不合格の組合せ

	材料の種類				
	セメント	水	細骨材	粗骨材	混和剤
(1)	不合格	合　格	不合格	不合格	合　格
(2)	合　格	不合格	合　格	不合格	合　格
(3)	合　格	合　格	合　格	合　格	不合格
(4)	不合格	不合格	不合格	不合格	合　格

【問題22】

　コンクリートの練混ぜに関する次の記述のうち，不適当なものはどれか。

(1)　バッチ式ミキサとは，一練り分ずつのコンクリート材料を練り混ぜるミキサであり，その種類として，重力式ミキサと強制練りミキサがある。

(2)　連続式ミキサでは最初に排出されるコンクリートを用いないのが原則である。

(3)　練混ぜ時間について，コンクリート標準示方書では，練混ぜ時間の試験を行なわない場合は，その最小時間を重力式ミキサで１分，強制練りミキサで１分30秒を標準としてよいとしている。

(4)　高流動コンクリートや高強度コンクリートなどセメント量の多いコンクリートは練混ぜ時間を長くするのがよい。

　JIS A 5308（レディースミクストコンクリート）に規定する製品の呼び方「普通24 12 20 L」のコンクリートに関する次の記述のうち，不適当なものはどれか。

　ただし，空気量について，購入者の指定はないものとする。

(1)　セメントは，早強ポルトランドセメントである。

(2)　荷卸し時におけるスランプの許容範囲は，9.5 cm 以上，14.5センチ以下である。

(3)　荷卸し時における空気量の許容範囲は，3.0%以上，6.0%以下である。

(4)　粗骨材の最大寸法は，20 mm である。

【問題24】

　コンクリートの品質管理・検査に関する次の記述のうち，不適当なものはどれか。

(1)　コンクリート試料は，トラックアジテータから排出されるコンクリートから，初めと終わりの部分を除いて，定間隔に 3 回に分けて採取した。

(2)　スランプの試験は合格したが空気量が許容範囲を外れたため，新しい試料を採取し空気量の再試験を行って合否を判定した。

(3)　高性能 AE 減水剤を使用した呼び強度が27でスランプが21 cm の普通コンクリートにおいて，荷卸し地点でのスランプが19.0 cm であったので，スランプについて合格とした。

(4)　荷卸し地点での軽量コンクリートの空気量が6.2%であったので合格とした。

【問題25】

　コンクリートの運搬に関する次の記述のうち，不適当なものはどれか。

(1)　JIS A 5308によれば，トラックアジテータを用いる場合，練り混ぜを開始してから1.5時間以内に荷卸し地点に到着できるように運搬しなければならないと定められている。

(2)　コンクリートポンプ車による運搬距離の目安は水平方向では500 m 程度までである。

(3) 上向きの配管で圧送する場合，下向きの配管に比べて閉塞しやすい。

(4) 時間当たりの吐出量が多い場合，水平管 1 m 当たりの管内圧力損失は大きくなる。

【問題26】
コンクリートの打込み，打継ぎおよび締固めに関する次の記述のうち，適当なものはどれか。

(1) 柱とはりのコンクリートを一体として打ち込む場合，柱のコンクリートを打ち終えた後，できるだけ連続して，はりのコンクリートを打ち込んだ。

(2) 高さ 5 m の柱と壁にコンクリートを打ち込む場合，縦シュートなどを用いずに，コンクリートを上部から自由落下させた。

(3) 鉛直打継ぎ目の処置として，旧コンクリート打継面をワイヤーブラシ削った後，十分吸水させ，湿潤面用エポキシ樹脂を塗布した後，新コンクリートを打継いだ。

(4) 打継目は，できるだけせん断力の大きい場所に設け，打継面を部材の圧縮力の作用する方向に平行にするのを原則とする。

【問題27】
コンクリートの打設，締固めに関する次の記述のうち，不適当なものはどれか。

(1) 外気温が28℃でのコンクリート打設を行うにあたり，1層目（下層）打設終了が10：00であったため，2層目（上層）の打設を12：25に開始した。

(2) コンクリート温度が高い場合やコンクリート表面に風が当たる場合は許容打重ね時間間隔を短くするのがよい。

(3) 棒状振動機（バイブレータ）は，振動数が大きいものほど締固め効果が高い。

(4) コールドジョイントを防止するためには，上層の打重ねのタイミングは，下層のコンクリートの凝結の始発時間以前でなければならない。

【問題28】

鉄筋の加工および組立てに関する次の一般的な記述のうち，不適当なものはどれか。

(1) 鉄筋を曲げ加工する場合，鉄筋の加工部を加熱して加工してはならない。

(2) ガス圧接継手によって鉄筋を接合する場合，圧接箇所は直線部とし，圧接箇所では曲げ加工は行わないようにする。

(3) 鉄筋のあきの最小寸法は，鉄筋の径にかかわらず，粗骨材の最大寸法を基準として定める。

(4) 帯（鉄）筋やあばら筋（スターラップ）の末端部には，必ずフックをつけなければならない。

【問題29】

コンクリート打設後の表面仕上げや養生に関する次の一般的な記述のうち，不適当なものはどれか。

(1) 初期養生温度が高いと，初期強度は高いが長期強度は増進しにくい。

(2) 平坦かつ平滑な表面にするには，締固め後，できるだけ速やかに金ごてによる仕上げを終了するのがよい。

(3) 金ごて仕上げをあまり入念に行うと，表面にセメントペーストが集まりすぎ，収縮ひび割れが発生しやすくなる。

(4) コンクリートの凝結が始まる前の沈下（沈み）ひび割れやプラスチック収縮ひび割れは，タンピングまたは再仕上げによって処置する。

【問題30】

型枠および支保工に関する次の一般的な記述のうち，適当なものはどれか。

(1) 型枠に作用するコンクリートの側圧は，コンクリート温度が高いほど大きくなる。

(2) 支保工の倒壊事故は鉛直方向荷重が原因である場合が多い。

(3) スパンの大きいスラブやはりを設計図どおりに造るには，コンクリートの自重による変形量を考慮し，支保工に上げ越しをつける。

(4) はりコンクリートの圧縮強度が $7\,N/mm^2$ 以上に達したことを確認したので，はりの底のせき板を解体するために，支保工を外した。

【問題31】

　暑中コンクリートに関する次の記述のうち，不適当なものはどれか。

(1)　コールドジョイントの発生を抑制するため，打込み中の打重ね時間間隔を通常期よりも短く計画した。

(2)　コンクリートのスランプの経時変化（スランプの低下）を抑えるため，AE減水剤遅延形を使用した。

(3)　コンクリートの練上がり温度を下げるため骨材を冷却した。

(4)　コンクリートをトラックアジテータで運搬する際，直射日光でコンクリートが高温になることを抑制するために，練混ぜた後のコンクリートにフレークアイスを投入した。

【問題32】

　寒中コンクリートに関する次の記述のうち，不適当なものはどれか。

(1)　日平均気温が 4 ℃以下になると予想されたので，寒中コンクリートとしての施工計画を立てた。

(2)　打込みの翌朝にコンクリートの全断面が凍結していたので，その後養生温度を上げて強度を回復させることとした。

(3)　コンクリートの練上がり温度を20℃，気温を 2 ℃，練混ぜ時から打込み終了までを 2 時間で計画した。その際，練混ぜ時から打込み終了までの間のコンクリートの温度低下を約 5 〜 6 ℃と想定した。

(4)　コンクリートの単位水量を低減し，初期凍害を防止するため，AE減水剤の促進形を用いた。

【問題33】

　マスコンクリートに関する次の記述のうち，適当なものはどれか。

(1)　温度ひび割れ抑制のためには，ブロックは大きく，リフトは高くすることが有利である。

(2)　壁部に発生する外部拘束によるひび割れ防止対策としての鉄筋を鉛直方向に配置した。

(3)　外部拘束による温度ひび割れは部材を貫通する場合がある。

(4)　温度ひび割れ防止対策として，早期に型枠を取り外してコンクリート表面に散水して冷却する計画とした。

【問題34】

水中コンクリートに関する次の記述のうち，不適当なものはどれか。

(1)　水中コンクリートの配（調）合は，通常のコンクリートより粘性の大きなものとするのがよい。

(2)　場所打ち杭に用いる通常の水中コンクリートの打込みは，水中における自由落下高さを50 cm 以下とする。

(3)　水中コンクリートの強度は，気中で打込まれるコンクリートに比べて低下する。

(4)　水中不分離コンクリートの単位水量は，通常のコンクリートより多い。

【問題35】

流動化コンクリートに関する次の記述のうち，不適当なものはどれか。

(1)　流動化コンクリートの圧縮強度は，ベースコンクリートの圧縮強度と同程度である。

(2)　スランプの経時変化は，通常の軟練りコンクリートの場合より大きい。

(3)　ベースコンクリートの細骨材率は，同じスランプの通常のコンクリートの細骨材率より低く設定する。

(4)　一定のスランプの増大量を得るための流動化剤の使用量は，コンクリートの温度によって変化する。

【問題36】

海洋コンクリートに関する次の記述のうち，不適当なものはどれか。

(1)　海中より飛沫帯のほうが鉄筋の腐食速度は速い。

(2)　海水中に位置するコンクリートでは，海上大気中に比べて中性化速度は小さい。

(3)　海水に対する化学的抵抗性を向上させるために，高炉セメントの使用は有効である。

(4)　最高潮位から上60 cm と最低潮位から下60 cm との間には打継ぎ目を設けるように計画する。

【問題37】

鉄筋コンクリート構造に関する記述のうち，適当なものはどれか。

(1) せん断力はせん断補強筋のみが負担する。

(2) はり，柱等では曲げ破壊よりもせん断破壊が先行して生じるように設計するのがよい。

(3) はりの曲げひび割れ幅を小さくする方法として丸鋼を異形棒鋼に変更した。

(4) 単純ばりの中央に荷重をかけた場合では，中央上端がもっとも大きなひずみを生じる。

【問題38】

下図に示す鉄筋コンクリート構造に，図示した位置に荷重 P が作用する場合の配筋の図として不適当なものはどれか。

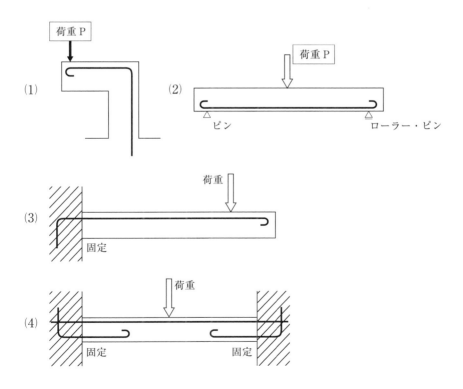

【問題39】
　コンクリート製品の製造に関する次の記述のうち，適当なものはどれか。
　⑴　コンクリート打設後，ただちに常圧蒸気養生を行うのがよい。
　⑵　常圧蒸気養生の最高温度を60℃として実施した。
　⑶　常圧蒸気養生後のオートクレーブ養生は，脱型せずにそのまま行う。
　⑷　オートクレーブ養生は，350〜360℃，2 MPa（20気圧）程度の等温
　　　等圧条件で行う。

【問題40】
　プレストレストコンクリート関する次の記述のうち，適当なものはどれか。
　⑴　プレストレス力は圧縮応力が生じる領域に導入するのが効果的であ
　　　る。
　⑵　プレストレス導入のため早期の強度発現が求められることから，高炉
　　　B種セメントが使用される場合が多い。
　⑶　プレテンション方式は同一種類の製品を大量に製造する場合に採用さ
　　　れることが多い。
　⑷　ポストテンション方式におけるボンド工法では，シース内にグリース
　　　を注入するなどしてPC鋼材とコンクリートの間に付着応力を発生させ
　　　ないようにしている。

○×式問題

【問題41】
　セメントの安定性は一般的にロサンゼルス試験によって求める。

【問題42】
　砕石，砕砂に要求される品質のうち，吸水率については，いずれも3.0%
以下であることが求められる。

【問題43】
　シリカフュームを用いたコンクリートは，用いない場合より自己収縮が大
きくなる。

【問題44】
　レディーミクストコンクリート工場のスラッジ水を練混ぜ水として用いる場合は，スラッジ固形分の濃度は1％以下でなければならない。

【問題45】
　異形棒鋼の降伏点は，引張試験における最大荷重を異形棒鋼の公称断面積で除して求める。

【問題46】
　軽量コンクリートは普通コンクリートよりも空気量が大きく設定されている。

【問題47】
　コンクリートの凝結時間（凝結の始発から終結までの時間）は，スランプが小さいほど，また水セメント比が小さいほど，長くなる。

【問題48】
　コンクリートの凍結融解に対する抵抗性は，空気量が同じであれば，気泡間隔係数が大きいものほど大きい。

【問題49】
　水平に配置されている鉄筋とコンクリートの付着強度は，一般に部材の上部に配置されている鉄筋の方が下部に配置された鉄筋より大きい。

【問題50】
　骨材のアルカリシリカ反応性試験において，化学法で区分Bという結果を得て，その後，モルタルバー法で区分Aという結果なら，最終的に区分Bとする。

【問題51】
　鉄筋の周囲のコンクリートが中性化すると，鉄筋の不動態被膜が生成され，水や酸素の侵入により鉄筋が腐食する。

【問題52】
　コンクリート強度試験の合否判定は，1回の試験結果は購入者が指定した呼び強度の値の85％以上とし，3回の試験結果の平均値は，購入者が指定し

た呼び強度の値以上でなければならないとしている。

【問題53】
　粘性の高い，高強度コンクリートの圧送にはスクイーズ式よりもピストン式のほうが適している。

【問題54】
　型枠がほぼ水平で現場合わせで支保工を組み立てる場合に，型枠支保工に作用する水平荷重として，鉛直方向荷重の2.5%を見込むこととした。

【問題55】
　鉄筋の圧接を行う際，SD345のD32とSD345のD29は圧接してもよい。

【問題56】
　舗装コンクリートは，材齢28日における曲げ強度を設計の基準とし，養生期間は，現場養生供試体の曲げ強度が配合強度の7割に達するまでとしている。

【問題57】
　冬期に高強度コンクリートを施工した場合，凝結が遅れ，仕上げの時期も遅くなる傾向にある。

【問題58】
　吹付けコンクリートの吹付け方式のうち，乾式は粉じんや跳ね返りが少なく，吹付けられたコンクリートの品質も安定している。

【問題59】
　曲げモーメントに対する抵抗力を大きくするためには，断面の幅を大きくするよりも有効高さを大きくすることが有効である。

【問題60】
　オートクレーブ養生を行うと，コンクリートを製造した翌日には材齢28日強度と同程度の強度を得ることができる。

模擬テスト 解答一覧

1	2	3	4	5	6	7	8	9	10
(2)	(3)	(2)	(1)	(1)	(3)	(2)	(2)	(3)	(2)
11	12	13	14	15	16	17	18	19	20
(2)	(2)	(4)	(3)	(1)	(3)	(4)	(4)	(3)	(4)
21	22	23	24	25	26	27	28	29	30
(2)	(3)	(1)	(2)	(3)	(3)	(1)	(3)	(2)	(3)
31	32	33	34	35	36	37	38	39	40
(4)	(2)	(3)	(2)	(3)	(4)	(3)	(4)	(2)	(3)
41	42	43	44	45	46	47	48	49	50
×	○	○	×	×	○	×	×	×	×
51	52	53	54	55	56	57	58	59	60
×	○	○	×	○	○	○	×	○	○

模擬テスト 解答・解説

【問題1】 解答(2)

解説

(1) JIS R 5210によると，ポルトランドセメントの密度は測定値を報告しなければならないが，下限値は規定されていない。したがって(1)は適当でない。

(2) 記述のとおりである。

(3) 中庸熱ポルトランドセメントでは，けい酸三カルシウムの含有量は50%以下と規定されている。したがって(3)は適当でない。

(4) フライアッシュセメントのB種のフライアッシュの分量（質量%）は，10を超え20以下と規定されている。したがって(4)は適当でない。

【問題2】 　解答(3)

解　説

(1) 材齢1日の圧縮強さの下限値が規定されているセメントは，以下の3つである。早強ポルトランドセメント，超早強ポルトランドセメント，速硬ポルトランドセメント。

　　したがって(1)は適当でない。

(2) 高炉セメントB種（スラグ混合比40％以上）またはC種はアルカリシリカ反応抑制に効果がある。したがって(2)は適当でない。

(3) 高炉セメント，シリカセメント，フライアッシュセメントのいずれも，全アルカリ量の上限値や塩化物イオン量の上限値が規定されていない。したがって(3)は適当である。

(4) 普通エコセメント，速硬エコセメントのいずれも，全アルカリ量の上限値（0.75％）が規定されている（下限値は規定されていない）。したがって(4)は適当でない。

【問題3】 　解答(2)

解　説

　粗骨材の実績率が小さければ，同一のワーカビリティーを得るためのモルタル量が多くなる。したがって，単位水量も多くなる。したがって(2)は適当でない。

【問題4】 　解答(1)

解　説

(1) 微粒分が多い骨材を用いると，コンクリートのブリーディング量は減少する。したがって(1)は適当でない。

【問題5】 　解答(1)

解　説

　コンクリートの練上がり温度が低ければ空気量は増加し，高くなれば減少

する。したがって(1)は適当でない。

【問題6】 解答(3)

　高炉スラグ微粉末4000を普通ポルトランドセメントの一部に置換したコンクリートは，置換率の増加によって水和熱は抑制されるが，低温時における凝結や強度発現が遅くなる。したがって，(3)は適当でない。

【問題7】 解答(2)

　D51は公称直径50.8 mm，公称周長16.0 cm，公称断面積20.27 cm²の異形棒鋼を表している。したがって，(2)は適当でない。

【問題8】 解答(2)

(1)　地下水は「上水道水以外の水」に分類され，懸濁物質の量，溶解性蒸発残留物の量，塩化物イオン（Cl^-）量，セメントの凝結時間の差，モルタルの圧縮強さの比の試験を実施しなければならない。省略はできないので(1)は適当でない。

(2)　スラッジ水は「回収水」に分類され，回収水の品質基準を満足するとともに，スラッジ固形分率の限度規定（セメント分量の3％）を超えない範囲で使用しなければならない。したがって，(2)は適当である。

(3)　工業用水は，「上水道水以外の水」に分類され，(1)と同様に試験を省略できない。したがって，(3)は適当でない。

(4)　2種類の水を混合した場合，それぞれの品質が「回収水」の基準に適合していなければならない。したがって，(4)は適当でない。

模擬テスト

【問題9】 解答(3)

解 説

コンクリートの圧縮強度 F_c とセメント水比（C/W）との間には，おおむね直線関係が成立することが知られている。

つまり $F_c = A + B$（C/W）という式が成り立つ。

（A，B は試験によって決まる定数）

この式の A と B を求めればよい。

まず C/W の値を求める。

W/C ＝ 40％ ＝ 0.40から C/W ＝ 1/0.40 ＝ 2.5

W/C ＝ 62.5％ ＝ 0.625から C/W ＝ 1/0.625 ＝ 1.6

次に

$F_c = A + B$（C/W）に，（C/W ＝ 2.5，F_c ＝ 46.0）（C/W ＝ 1.6，F_c ＝ 26.2）を代入して，

46.0 ＝ A ＋ 2.5B

26.2 ＝ A ＋ 1.6B

を解くと，A ＝ － 9，B ＝ 22となる。

$F_c = A + B$（C/W）は F_c ＝ － 9 ＋ 22（C/W）となる。

水セメント比を W/C ＝ 50.0％ ＝ 0.5とした場合，

セメント水比は C/W ＝ 1/0.5 ＝ 2.0となる。

上式に C/W ＝ 2.0を代入すると，

F_c ＝ － 9 ＋ 22×2.0 ＝ 35.0

したがって，(3)は適当である。

【問題10】 解答(2)

解 説

コンクリート 1 m³ あたりの計画水量を求め，それを 2 倍すれば求めることができる。

骨材に表面水が付着していること，AE 減水剤の希釈（薄める）水があることを考慮しなければならない。計量水量は単位水量からこれらを差し引いた量となる。

AE 減水剤0.6 kg/m³は 4 倍に希釈するため，水で希釈したあとの分量は$0.6 \times 4 = 2.4$ kg/m³となる。つまり，希釈のために加えた水の量は$2.4 - 0.6 = 1.8$ kg/m³となる。

骨材の表面水量は（骨材の単位量）$\times \dfrac{\text{表面水率 （\%）}}{100}$で求めることができる。

単位量 （kg/m³）				
水	セメント	細骨材	粗骨材	AE 減水剤
165	300	764	1076	0.6

（各種条件）細骨材の表面水率は3.90%，粗骨材の表面水率は0.50%とし，AE 減水剤は原液を 4 倍に希釈して用いる。

コンクリート 1 m³あたりの計画水量
　＝単位水量－（細骨材の表面水量）－（細骨材の表面水量）－希釈水

$$= 165 - 764 \times \frac{3.90}{100} - 1076 \times \frac{0.50}{100} - 1.8$$

$$= 128 \text{ kg/m}^3$$

1 バッチあたり 2 m³であるから，
$128 \times 2 = 256$ kg/m³

したがって，(2)は適当である。

【問題11】　　解答(2)

解　説

(1)　試料の詰め方は，ほぼ等しい量で 3 層に分けて詰める。「等しい高さ」ではないことに注意する。したがって，(1)は適当でない。

(2) 記述のとおりである。

(3) スランプコーンの引き上げ時間は 2 〜 3 秒とする。したがって，(3)は適当でない。

(4) スランプは 0.5 cm 単位まで測定する。例えば下がりが12.3 cm の場合，スランプは12.5 cm とする。したがって，(4)は適当でない。

【問題12】 解答(2)

解　説

　ブリーディングは，骨材粒子の表面積が小さいとき，骨材表面に水を保持できないために起こる。細骨材の粗粒率が大きく，細骨材率が小さいほど，骨材は粗いことになり骨材全体の表面積は減少し，ブリーディング量は多くなる。したがって(2)は適当でない。

【問題13】 解答(4)

解　説

(1) エントレインドエアは，ボールベアリング効果があり，流動性，ワーカビリティーの改善に役立つ。したがって，(1)は適当でない。

(2) 粗骨材の最大寸法が大きくなると，モルタルが少なくてすむ。つまり，モルタルに含まれる空気量も少なくてすむ。したがって，(2)は適当でない。

(3) コンクリートを締固めると，気泡径の大きいものは破裂して減少する。したがって，(3)は適当でない。

(4) コンクリートの練上がり温度が高くなると，空気量は減少する傾向にあるため，同一の空気量を得るための AE 剤は多くなる。したがって，(4)は適当である。

【問題14】 解答(3)

解　説

(1) 水セメント比（W/C）が一定の場合，空気量 1 ％の増加によって圧縮強度は 4 〜 6 ％低下する。したがって，(1)は適当でない。

(2) 引張強度は圧縮強度の1/10～1/13程度。圧縮強度が高強度になるほどその比（引張強度／圧縮強度）は小さくなる。したがって，(2)は適当でない。

(3) 記述のとおりである。

(4) 静的載荷によって得られた応力―ひずみ曲線から求めた弾性係数を静弾性係数といい，初期接線弾性係数，割線弾性係数，接線弾性係数の3種類がある。圧縮強度の大きいコンクリートは静弾性係数も大きい。したがって，(4)は適当でない。

【問題15】 解答(1)

解　説

(1) コンクリートを加熱した場合，強度よりも弾性係数の低下が著しい。普通ポルトランドセメントを用いたコンクリートを500℃まで加熱すると，圧縮強度は常温時の60%以下に，弾性係数は常温時の10～20%となる。したがって，(1)は適当でない。

(2) 記述のとおりである。

(3) 水セメント比が大きいと透水係数は大きくなる。水セメント比が小さければ密実なコンクリートとなり，水を通しにくい。すなわち透水係数が小さい。したがって，(3)は適当である。

(4) AE剤の適切な使用量にて製造したAEコンクリートは，ブリーディングが減少し，ワーカビリティが改善され，密実なコンクリートとなる。その結果，AE剤を使用しないコンクリートより透水係数が小さくなる。したがって，(4)は適当である。

【問題16】 解答(3)

解　説

(3) 高強度コンクリート，高流動コンクリート，マスコンクリートは通常のコンクリートよりもセメント量が多いので，自己収縮が大きくなる。したがって，(3)は適当でない。

【問題17】　　解答(4)

解　説

(1)　微粒分の多い砂を用いると単位水量が多くなり，乾燥収縮が多くなるため，ひび割れが発生しやすい。したがって，(1)は適当である。

(2)(3)　記述のとおりである。

(4)　膨張材を用いる理由は，収縮補償やいわゆるケミカルプレストレスを期待するためである。したがって，膨張材は乾燥収縮によるひび割れ防止に効果がある。したがって，(4)は適当でない。

【問題18】　　解答(4)

解　説

(4)　高炉セメントやフライアッシュセメントを用いたコンクリートは中性化が進行しやすくなる。セメントに含まれる高炉スラグ微粉末やフライアッシュの混入量が多いほど進行しやすい。したがって，(4)は適当でない。

【問題19】　　解答(3)

解　説

(1)　凍結融解を受けるコンクリート構造物では，日が当たらない部分より日が当たる部分のほうが，凍結融解の繰り返し回数が多くなり，劣化が生じやすい。したがって，(1)は適当である。

(2)　硫酸，塩酸などは，セメント水和物を分解してコンクリートを劣化させる。したがって，(2)は適当である。

(3)　硫酸塩はコンクリート中の水酸化カルシウムやアルミン酸三カルシウムと反応してエトリンガイトを生成し，著しい膨張を生じさせてコンクリートを破壊する。したがって，(3)は適当でない。

(4)　下水に含まれる硫酸塩は，微生物の作用によって硫酸となり，管路や下水処理場のコンクリートに著しい劣化を生じさせる。したがって，(2)は適当である。

【問題20】 解答⑷

解　説

(1) 中性化の進行は経過時間の平方根に比例する。「経過時間の二乗に比例」ではないことに注意すること。したがって，⑴は適当である。

(2) コンクリートは海水に含まれる硫酸塩や塩化マグネシウムによって劣化する。したがって，⑵は適当である。

(3) コンクリート中に塩化物イオンが一定量以上存在すると鉄筋の不動態被膜（鉄筋を腐食から守る薄い膜）が破壊される。その際，鉄筋の表面にアノード部（陽極），カソード部（陰極）が生じて電流（腐食電流という）が流れ鉄筋に腐食が生じる。したがって，⑶は適当である。

(4) 密実なコンクリートでは，塩化物イオンがコンクリート中に侵入して鉄筋に到達しにくくなる。（密実なコンクリートでは塩化物イオンの拡散係数（拡散のしやすさ）は小さくなる。）したがって，⑷は適当でない。

【問題21】 解答⑵

解　説

計量誤差の許容値は，セメントは±1％，水は±1％，骨材（細骨材，粗骨材）は±3％，混和剤は±3である。計量誤差の計算結果は下記のとおりである。

※計量誤差の計算方法

$$\frac{量り取られた計量値（kg）－目標とする1回計量分量（kg）}{目標とする1回計量分量（kg）}\times 100（\%）$$

材料の種類	セメント	水	細骨材	粗骨材	混和剤
目標とする1回計量分量（kg）	314	157	893	1012	3.15
量り取られた計量値（kg）	317	155	917	980	3.20
計量誤差（％）	＋0.96	－1.27	＋2.69	－3.16	＋1.59
許容計量誤差（％）	±1	±1	±3	±3	±3
	合格	不合格	合格	不合格	合格

【問題22】　　解答(3)

解　説

(1)　バッチ式ミキサとは，一練り分ずつのコンクリート材料を練り混ぜるミキサである。重力式ミキサと強制練りミキサがある。重力式ミキサには傾胴形があり，これは，内側に練混ぜ用羽根がついた練混ぜドラム（混合胴）の回転によって材料を自重で落下させて練り混ぜる方式である。強制練りミキサには水平一軸形，水平二軸形，パン形などがあり，これは，羽根を動力で回転させ，材料を強制的に練り混ぜる方式である。したがって，(1)は適当である。

(2)　連続式ミキサとはコンクリート材料の計量，供給，練混ぜを行う機械を一体化したもので，連続的にコンクリートを製造（排出）できるミキサである。連続式ミキサでは最初に排出されるコンクリートを用いないのが原則である（練り混ぜはじめは，品質が不安定になりやすいため）。したがって，(2)は適当である。

(3)　練混ぜ時間について，コンクリート標準示方書では，試験によって定めるのを原則とする，と規定されている。また，解説ではJIS A 1119その他による試験結果から定めるのを原則とし，また練混ぜ時間の試験を行なわない場合は，その最小時間を重力式ミキサで1分30秒，強制練りミキサで1分を標準としてよいとしている。したがって，(3)は適当でない（強制練りミキサのほうが短時間でよい）。

(4)　高流動コンクリートや高強度コンクリートなどセメント量の多いコンクリートは練混ぜ時間を長くするのがよい。したがって，(4)は適当である。

【問題23】　　解答(1)

解　説

レディーミクストコンクリートの呼び方が「普通24 12 20 L」の場合，「普通」は普通コンクリート，「24」は呼び強度24 N/mm²，「12」はスランプ12 cm，「20」は粗骨材の最大寸法20 mm，「L」は低熱ポルトランドセメントを表している。

(1)　早強ポルトランドセメントの記号はHであり，Lは低熱ポルトラン

ドセメントである。したがって，⑴は適当でない。

⑵　スランプ12 cm のコンクリートの荷卸し時におけるスランプの許容範囲は12±2.5 cm であるから，9.5 cm 以上，14.5 cm 以下である。したがって，⑵は適当である。

⑶　普通コンクリートの荷卸し時における空気量の許容範囲は，4.5±1.5％であるから，3.0％以上，6.0％以下である。したがって，⑶は適当である。

⑷　粗骨材の最大寸法は，20 mm である。したがって，⑷は適当である。

【問題24】　　解答⑵

解　説

⑵　スランプ（またはスランプフロー）および空気量の検査で一方または両方が許容範囲を超えた場合は，１回に限り再試験することができる。ただし，その場合はスランプと空気量の両方について試験を行い，それぞれ規定の許容範囲に適合していなければならない。空気量のみの再試験では合否を判定できない。したがって，⑵は適当でない。

⑶　荷卸し地点でのスランプの許容差は下記のとおりである。

　　高性能 AE 減水剤を使用した呼び強度が27でスランプが21 cm の普通コンクリートにおいては，許容差は±２cm であるから，19.0 cm は合格となる。したがって，⑶は適当である。

【問題25】　　解答⑶

解　説

⑴　記述のとおりである。

⑵　コンクリートポンプ車による運搬距離の目安は水平方向では500 m，垂直方向では120 m 程度までである。したがって，⑵は適当である。

⑶　下向きの配管で圧送する場合，材料分離が生じやすいので，上向きの配管に比べて閉塞しやすい。したがって，⑶は適当でない。

⑷　記述のとおりである。

【問題26】　　解答(3)

解　説

(1)　スラブ（またははり）のコンクリートが，壁（または柱）のコンクリートと連続している場合には，沈下ひびわれを防止するため，壁（または柱）のコンクリートの沈下が，ほぼ終了してから，スラブ（またははり）のコンクリートを打込むことを標準とする。したがって，(1)は適当でない。

(2)　型枠が高い場合には，型枠に投入口を設けるか，縦シュートあるいはポンプ管の吐出口を，打込み面近くまで下げて打ち込まなければならない。したがって，(2)は適当でない。

(3)　旧コンクリート打継面は，ワイヤーブラシで表面を削るか，チッピング等によりこれを粗にして十分吸水させ，セメントペースト，モルタル，湿潤面用エポキシ樹脂などを塗布した後，新コンクリートを打継ぐ。したがって，(3)は適当である。

(4)　打継目は，できるだけせん断力の小さい場所に設け，打継面を部材の圧縮力の作用する方向に直角にするのを原則とする。一般に，梁，床ではスパンの中央付近に，柱，壁では床または基礎の上端に設ける。したがって，(4)は適当でない。

【問題27】　　解答(1)

解　説

(1)　打重ね時間間隔の限度（許容打重ね時間間隔）は下記のとおりである。

コンクリート標準示方書	外気温25℃以下の場合 150分	外気温25℃を超える場合 120分
JASS5	外気温25℃未満の場合 150分	外気温25℃以上の場合 120分

　　外気温が28℃，1層目（下層）打設終了が10：00の場合，2層目（上層）の打設は120分以内，つまり12：00までには開始しなければならな

い。よって，12：25に開始したことは適当でない。

(2)(3)(4)は記述のとおりである。

【問題28】 解答(3)

[解 説]

(1) 鉄筋の加工は常温加工としなければならない。したがって，(1)は適当である。

(2) ガス圧接箇所は鉄筋の直線部とし，曲げ加工部およびその近傍は避けなければならない。したがって，(2)は適当である。

(3) コンクリート標準示方書では，以下の規定がある。

　　①はりにおける軸方向鉄筋の水平あきは20 mm 以上，粗骨材の最大寸法の4/3以上，鉄筋直径以上とする。②柱における軸方向鉄筋のあきは40 mm 以上，粗骨材の最大寸法の4/3以上，鉄筋直径の1.5倍以上としなければならない。

　　したがって，鉄筋直径にかかわりがあるため，(3)は適当でない。

(4) 記述のとおりである。

【問題29】 解答(2)

[解 説]

(1)(3)(4)は記述のとおりである。

(2) 表面仕上げは表面に浮き出てくるブリーディング水などを処理した後で行なうのがよい。したがって，(2)は適当でない。

【問題30】 解答(3)

[解 説]

(1) 型枠に作用するコンクリートの側圧は，コンクリート温度が高いほど小さく。したがって，(1)は適当でない。

(2) 支保工の倒壊事故は水平方向荷重が原因である場合が多い。したがって，(2)は適当でない。

(3) スパンの大きいスラブや梁を設計図通りに造るには，コンクリートの

自重による変形量を考慮し，支保工に上げ越し（むくり）をつけるとよい。したがって，(3)は適当である。

(4) コンクリート標準示方書では，型枠および型枠支保工の取り外してよい時期の参考値として，コンクリートの圧縮強度が次の値に達した時としている。フーチングの側面は3.5 N/mm²，柱・壁・はりの側面は5.0 N/mm²，スラブ・はりの底面・アーチの内面は14.0 N/mm²。したがって，(4)は適当でない。

【問題31】　　解答(4)

解　説

(1) 気温が高い夏季は，コンクリートの凝結開始が早いため，コールドジョイントが発生しやすい。それを防止するために打重ね時間間隔を通常期よりも短く計画することは有効である。よって，(1)は適当である。

(2) AE減水剤遅延形は，コンクリートの凝結を遅延させスランプの経時低下を抑える。よって，(2)は適当である。

(3) コンクリートの練上がり温度を下げるため体積が大きい骨材を冷却することは有効である。よって，(3)は適当である。

(4) 水は氷，フレークアイスにより冷却することもあるが，練混ぜた後のコンクリートを冷却するためにフレークアイスを投入してはならない。よって，(4)は不適当である。

【問題32】　　解答(2)

解　説

(1) コンクリート標準示方書では，日平均気温が4℃以下の時は寒中コンクリートとして対応をしなければならないとしている。したがって，(1)は適当である。

(2) コンクリート打設後，初期材齢でコンクリートが凍結してしまうと，その後，いかなる養生を行っても，所定の強度や耐久性を発現させることはできない。したがって，(2)は適当でない。

(3) 練混ぜ時から打込み終了までのコンクリートの1時間当たりの温度低下は，練上がり温度と気温の差の15%程度である。コンクリートの練上

がり温度を20℃，気温を 2 ℃，練混ぜ時から打込み終了までを 2 時間で計画した場合の温度低下は，

　　（20℃ − 2 ℃）×0.15× 2 時間＝5.4℃と算出される。したがって，(3)は適当である。

(4)　混和剤は AE 剤，AE 減水剤，高性能 AE 減水剤の使用を標準としている。空気量を適度に保つことにより，耐凍害性を高めることができる。また，単位水量は初期凍害を防止するため，所要のワーカビリティが得られる範囲でできるだけ少なくしなければならない。したがって，(4)は適当である。

【問題33】　　解答(3)

解　説

(1)　打設後のコンクリート温度は，打込み時のコンクリート温度だけでなく，気温，型枠の材質，打込み区画（ブロック）の大きさ，打込み高さ（リフト）により異なる。温度ひび割れ抑制のためには，ブロックは小さく，リフトは低くすることが有利である。したがって，(1)は適当でない。

(2)　ひび割れの幅を小さくするために鉄筋の本数を増やすことは有効である。鉄筋はひび割れと直交する方向に配置する（例えば壁部に発生する外部拘束によるひび割れは鉛直方向に生じるので，その対策のための鉄筋は水平方向に配置する）。したがって，(2)は適当でない。

(3)　下部が拘束されている壁コンクリートや，下部が岩盤で拘束されている底版コンクリートなどが，コンクリート打設後，材齢がある程度進んだ段階で，コンクリート温度が低下する際に収縮を起こすが，下部が拘束されているためひび割れが発生する。これが外部拘束による温度ひび割れである。このひび割れは部材を貫通する場合がある。したがって，(3)は適当である。

(4)　打込み時のコンクリート温度を下げることにより部材の最高温度を低減することができる。コンクリート温度が最高に達した後もできる限り型枠を残しておく（早期に型枠を取り外すのは温度ひび割れを助長するのでやってはならない）。それにより，表面温度の低下を防止することができる。表面温度が急激に下がれば，内外温度差が大きくなり，ひび

割れが発生しやすい。したがって早期に型枠を取り外してコンクリート表面に散水して冷却するなどしてはならない。したがって，(4)は適当でない。

【問題34】　解答(2)

[解　説]

(1)　水中コンクリートは地下水の存在する環境で打設する場合（地中連続壁，場所打ち杭などの施工）や，海水中に直接打設（水中不分離コンクリートを使用）する場合がある。打設時にコンクリートが水に触れるため，気中での打設に比べて分離が生じやすく，コンクリート強度も低下しやすい。したがって，粘性が高く，強度の大きい配合が求められる。したがって，(1)は適当である。

(2)　通常の水中コンクリートは，水中を落下させてはならない。ただし，水中不分離コンクリートは水中落下高さ50 cm 以下とされている。したがって，(2)は適当でない。

(3)　水中コンクリートの強度は水の洗い出しなどのために，気中で打設されるコンクリートに比べて低下する。そのため，水中施工時の強度が標準供試体の強度の0.6〜0.8倍とみなして配合強度を設定することとしている。したがって，(3)は適当である。

(4)　水中不分離コンクリートの単位水量は，通常のコンクリートに比べて多く，スランプ50 cm 前後で210〜230 kg/m³程度である。したがって，(4)は適当である。

【問題35】　解答(3)

[解　説]

(1)　流動化コンクリートの配合計画は流動化によるコンクリートの圧縮強度の変化がないものとして行う（流動化したコンクリートの圧縮強度はベースコンクリートと同程度である）。したがって，(1)は適当である。

(2)　流動化コンクリートのスランプの経時変化（スランプの低下）は通常のコンクリートの場合より大きい。したがって，(2)は適当である。

(3)　ベースコンクリートの細骨材率は通常のコンクリートよりも高くす

る。したがって，(3)は適当でない。

(4)　コンクリート温度が5〜30℃の範囲では，流動化剤の添加量は温度の高い方がやや少なくて済む。したがって，(4)は適当である。

【問題36】　　解答(4)

解　説

(1)　海中より干満帯・飛沫帯のほうが鉄筋の腐食速度は速い。したがって，(1)は適当である。

(2)　海水中に位置するコンクリートでは，海上大気中に比べて中性化速度は小さい（大気中より水中のほうが二酸化炭素濃度が低いため）。したがって(2)は適当である。

(3)　海水に対する化学的抵抗性を向上させるために，高炉セメント，フライアッシュセメント，耐硫酸塩ポルトランドセメント，中庸熱ポルトランドセメント，低熱ポルトランドセメントの使用は有効である。したがって，(3)は適当である。

(4)　打継ぎ目は海水が侵入しやすく弱点となりやすい。したがって，最高潮位から上60 cmと最低潮位から下60 cmとの間には打継ぎ目を設けないように連続作業でコンクリートを打込むのがよい。したがって，(4)は適当でない。

【問題37】　　解答(3)

解　説

(1)　せん断力はコンクリートとせん断補強筋が負担する。したがって，(1)は適当でない。

(2)　はり，柱等ではせん断破壊は曲げ破壊よりも一般に急激な破壊を示す。せん断破壊よりも曲げ破壊が先行して生じるように設計するのがよい。したがって，(2)は適当でない。

(3)　コンクリートと鉄筋の付着力は，丸鋼より異形棒鋼のほうが大きい（突起があるため）。したがって，異形棒鋼のほうが，ひび割れ幅が広がりにくい。つまり，はりの曲げひび割れ幅を小さくする方法として丸鋼を異形棒鋼に変更することは有効である。したがって，(3)は適当であ

る。

(4) 単純ばりの中央に荷重をかけた場合では，中央下端がもっとも大きな
ひずみを生じる。したがって，(4)は適当でない。

【問題38】　解答(4)

解　説

(4)は正しくは次のような配置となる。

【問題39】　解答(2)

解　説

(1) コンクリート打設後，ただちに常圧蒸気養生を行うのではなく，常圧
蒸気養生は練混ぜ後，2 ～ 3 時間後経過してから行う。これを前養生と
いう。練混ぜ後すぐに蒸気養生を開始すると，有害なひび割れが発生す
る。したがって，(1)は適当でない。

(2) 常圧蒸気養生では養生温度は65℃以下とする。したがって，(2)は適当
である。

(3) オートクレーブ養生は一般に常圧蒸気養生を終えて，脱型したコンク
リートに対して行う二次養生である。したがって，(3)は適当でない。

(4) オートクレーブ養生中の等温等圧（最高温度と最高圧力を保つ状態）
時の環境は温度180℃，1 MPa（10気圧）程度である。したがって，(4)
は適当でない。

【問題40】　解答(3)

解　説

(1) プレストレス力は引張応力が生じる領域に導入するのが効果的であ
り，引張力に弱いコンクリートの性質を改善している。プレストレスト
コンクリートは軸圧縮力が卓越する柱部材より，はり部材に適してい

る。したがって，(1)は適当でない。

(2)　プレストレス導入のため早期の強度発現が求められることから，早強ポルトランドセメントが使用される場合が多い。したがって，(2)は適当でない。

(3)　プレテンション方式では，コンクリートとPC鋼材の付着によってコンクリートにプレストレス力が導入されている。同一種類の製品を大量に製造する場合に採用されることが多い。したがって，(3)は適当である。

(4)　ポストテンション方式は，ボンド工法とアンボンド工法に分類される。

　　※ボンド工法はシースとPC鋼材の隙間にグラウト（セメントミルク）を注入することで，コンクリートとPC鋼材の付着を確保している。

　　※アンボンド工法はシース内にグリースを注入するなどしてPC鋼材とコンクリートの間に付着応力を発生させないようにしている。

　　したがって，(4)は適当でない。

【問題41】　| 解答× |

| 解　説 |

セメントの安定性試験とは，未反応の石灰（CaO），酸化マグネシウム（MgO）が過剰に含まれていることによる，硬化過程の異常膨張の有無を確認するための試験である。パット法とルシャテリエ法がある。ロサンゼルス試験は骨材のすりへり減量を求める試験である。したがって，記述内容は誤りである。

【問題42】　| 解答○ |

| 解　説 |

砕石・砕砂の吸水率はJISで3.0%以下と規定されている。

【問題43】　解答○

解　説

　シリカフュームを用いたコンクリートは通常のコンクリートと比べて，材料分離が生じにくい，ブリーディングが小さい，強度増加が著しい，水密性や化学抵抗性が向上する等の利点がある。一方，自己収縮は大きくなる。したがって，記述内容は正しい。

【問題44】　解答×

解　説

　回収水の品質として，スラッジ固形分率（単位セメント量に対するスラッジ固形分の質量の割合）は３％を超えてはならない，とされている。したがって，記述内容は誤りである。

【問題45】　解答×

解　説

　引張試験における最大荷重を異形棒鋼の公称断面積で除して求められる値は，異形棒鋼の降伏点ではなく引張強さである。したがって，記述内容は誤りである。

【問題46】　解答○

解　説

　軽量コンクリートは耐凍害性向上のために，普通コンクリートよりも空気量が大きく設定されている。
　したがって，記述内容は正しい。

【問題47】　解答×

解　説

　コンクリートのスランプが小さいほど，また水セメント比が小さいほど，

凝結が早くなる。つまり凝結時間は短くなる。したがって、記述内容は誤りである。

【問題48】　解答 ×

解　説

　同一空気量の場合、微小な気泡が連行されているほど、すなわち気泡間隔係数が小さいほど耐凍害性は向上する。したがって、記述内容は誤りである。

【問題49】　解答 ×

解　説

　上部にある水平鉄筋はブリーディングの影響を受けやすいので下部にある水平鉄筋よりも付着強度は小さい。また、水平鉄筋は鉄筋下面に水膜や空隙を形成しやすいので、鉛直鉄筋よりも付着強度は小さい。したがって、記述内容は誤りである。

【問題50】　解答 ×

解　説

　骨材のアルカリシリカ反応性試験において、化学法で区分 B（無害でないという判定）であっても、モルタルバー法で区分 A（無害という判定）なら、最終的に区分 A とする。
したがって、記述内容は誤りである。

【問題51】　解答 ×

解　説

　鉄筋の周囲のコンクリートが中性化すると、鉄筋の不動態被膜が破壊されやすくなるため、水や酸素の侵入により鉄筋が腐食する。不動態被膜が生成されるのではない。
　したがって、記述内容は誤りである。

【問題52】 解答○

解　説

　1回の試験結果は任意の1運搬車から採取した資料で作った3個の供試体の試験値の平均値で表す。レディーミクストコンクリートの強度は，強度試験を行ったとき，次の（a），（b）の両規定を満足するものでなければならない。
（a）　1回の試験結果は，購入者が指定した呼び強度の値の85%以上
（b）　3回の試験結果の平均値は，購入者が指定した呼び強度の値以上
　　したがって，記述内容は正しい。

【問題53】 解答○

解　説

　コンクリートポンプにはピストン式とスクイーズ式があり，ピストン式の特徴は以下のとおりである。油圧シリンダーにつながったコンクリートピストンを押し引きしてコンクリートを送り出す仕組みで，油圧ポンプが大容量で高い吐出力を持つので，長距離の圧送が可能となる。粘性の高い，高強度コンクリートの圧送にはスクイーズ式よりもピストン式のほうが適している。したがって，記述内容は正しい。

【問題54】 解答×

解　説

　厚生労働省産業安全研究所では，型枠の状況に応じて，鉛直荷重の2.5%もしくは5.0%を水平方向荷重とすることを推奨している。支保工の倒壊事故は水平方向荷重が原因である場合が多い。ただし，型枠がほぼ水平で現場合わせで支保工を組み立てる場合（パイプサポート，組立支柱支保工など）では型枠支保工に作用する水平荷重として，鉛直方向荷重の5%を見込むこととしている。したがって，記述内容は誤りである。

【問題55】 解答○

解　説

　圧接を行う鉄筋は同一種間（鉄筋の種類とは SD295A や SD345 などのこと），その径または呼び名の差が 7 mm を超えなければ圧接できる。したがって，記述内容は正しい。

【問題56】 解答○

解　説

　舗装コンクリートは，材齢28日における曲げ強度（設計基準曲げ強度は 4.5 N/mm²）を設計の基準とする。養生期間は，現場養生供試体の曲げ強度が配合強度の 7 割に達するまでとしている。したがって，記述内容は正しい。

【問題57】 解答○

解　説

　高強度コンクリートには，高性能 AE 減水剤が比較的多く使用されており，冬期など温度の低い時期には凝結が遅れ，仕上げの時期も遅くなる。したがって，記述内容は正しい。

【問題58】 解答×

解　説

　吹付けコンクリートの吹付け方式には湿式と乾式があり，湿式は乾式と比較して粉じんや跳ね返りが少なく，吹付けられたコンクリートの品質も安定している。したがって，記述内容は誤りである。

【問題59】 解答○

解　説

　曲げ耐力（曲げモーメントに対する抵抗力）を大きくするためには，断面

の幅を大きくするよりも有効高さを大きくすることが有効である。したがって，記述内容は正しい。

【問題60】　　解答○

解　説

　オートクレーブ養生を行うと高温高圧条件下の水和反応により，コンクリートを製造した翌日には材齢28日強度と同程度の強度を得ることができる。したがって，記述内容は正しい。

著者略歴

東　和博（あずま　かずひろ）

現在　株式会社ランパス代表
大阪大学工学部土木工学科卒
大阪大学大学院工学研究科土木工学専攻修了
西松建設株式会社に勤務後，建設業研修教育・コンサルティング会社株式会社
ランパスを設立。

　現在，全国の建設会社，建設コンサルタント会社で，技術研修及び技術士，
土木施工管理技士，コンクリート技士をはじめとする資格試験対策のセミナー
などを行っている。単に知識を与えるだけではなく，誰にでも理解しやすい教
材と明快な指導が好評である。
　また，そのわかりやすさゆえ，ランパスの受講生，教材使用者にはリピー
ターとして，ステップアップした別の資格教材に取り組む人が多いのが特徴で
もある。

　ランパスの講座・コンクリート技士受験対策 DVD 教材案内
　ホームページ　http://www.runpass.co.jp/

わかりやすい コンクリート技士 合格テキスト

| 編　　著 | 東　　　和　博 |
| 印刷・製本 | 亜細亜印刷株式会社 |

発 行 所　株式会社 弘 文 社　　〒546-0012 大阪市東住吉区
　　　　　　　　　　　　　　　　中野 2 丁目 1 番27号
　　　　　　　　　　　　　　☎　　（06）6797―7 4 4 1
　　　　　　　　　　　　　　FAX　（06）6702―4 7 3 2
代 表 者　岡﨑　　靖　　振替口座 00940―2―43630
　　　　　　　　　　　　　　東住吉郵便局私書箱 1 号